ニュートン ミリタリーシリーズ

F-22 RAPTOR

20 YEARS OF AIR DOMINANCE

ジェイミー・ハンター＝著
時実雅信＝監修・訳

NEWTON PRESS

F-22 RAPTOR

20 YEARS OF AIR DOMINANCE

“レッド・フラッグ”演習でネリス空軍基地の空域を飛行する第1戦闘航空団のF-22A。（©ジェイミー・ハンター）

序章
F-22ラプター
航空優勢の20年

本書の製作にご協力いただいた以下の方々に感謝いたします。クリストファー・ニエミ大佐，ピート・フェスラー大佐，ポール・メッツ，ブラッド・ヒュービンガー中佐，ダン・ディッキンソン大佐，ベン・ダーラム少佐，スーザン・ガルシア，アメリカ空軍兵器学校，ジェフ・フッド，そして第71戦闘機訓練飛行隊と第94戦闘機飛行隊の皆さん。
ジェイミー・ハンター

F-22Aラプターが最初に飛んだのは1997年9月7日のことだった。2018年（原書の刊行時）は“ラプター01”の初飛行から20年となり，より多くのF-22が製造を求められるようになっている。しかし，10年前に政治家たちは，ラプターの数をそろえる予算を早急かつ十分に集められなかった。今日では開発費が投入され，ラプターは最高の戦闘機としての土台を築きあげたが，時すでに遅し。その生産設備は保管されているものの，アメリカ空軍はすでに次の第6世代戦闘機を検討しているのである。

夕焼けのなかを飛行するF-22。ラプターが本領を発揮するのは暗くなってからだ。パイロットはセンサーを使って暗闇から静かにすばやく攻撃する，熟練の戦術家になる。（©ロッキード・マーチン）

F-22ラプターはステルス性が高く，超巡航でセンサーを駆使する空の達人だ。パイロットが経験するであろう，ほとんどの戦闘よりも過酷な“レッド・フラッグ”演習（空戦軍事演習）を制することができるが，実戦で航空機を撃墜したことはない。なぜなら，F-15イーグルと違って，F-22は空対空の撃ち合いを経験していないからである。ある者はF-22との撃ち合いをしないことが腕前の証しだと，またある者は，ラプターと絡むリスクを冒すよりも，地上に留まることを選択すると，その理由を示唆する主張をしている。

戦闘状況に関係なく，F-22飛行隊は航空戦闘軍団の作戦最前線にいる。少なくとも一個ラプター部隊が常に作戦配備されている。

しかし，その能力には代償がつきものだ。整備担当者は低観測性コーティングをきれいな状態に保つのに苦労している。F-22のステルス性を維持する負担は飛行隊の運用方法を変えたが，彼らは学び，適応し，成功した。また，F-22飛行隊は，自分たちに徹底的な訓練を課すのに十分な侵略者を見つけるのに苦労してきた。

パイロットに聞けば，ラプターにはかなわないとすぐにわかるだろう。確かに目視範囲内で彼らは多少の組打ちを逃すだろうが，射程内から静かに殺す。それがラプターだ。F-22のパイロットはシミュレートされたシナリオで敵を倒すことに定評がある。

第３航空団の司令官クリス・ニエミ大佐は言う。「過去40年間のマクロ的な傾向を見ると，敵と遭遇後，機動に巻き込まれる空中戦の回数は大幅に減っている。空中戦の驚異的な名手であるF-22でも，“レッド・フラッグ”のような大規模演習（LFE）では，720度旋回して機動性に劣る相手を打ちすえたとしても，ほとんどは決着がつかない。F-22と2マイル（3.2km）のところで遭遇し，その存在すら知らずに口先を撃ち抜かれて決着するのだ！」

ジェイミー・ハンター
（著者・編集者）

第1章

ラプターの構想

先進戦術戦闘機F-22の誕生

今でこそ揺るぎない名声を得ているラプターだが，その始まりは防衛費削減の時代という苦難に満ちたものだった。先進戦術戦闘機として構想され，航空宇宙の強豪同士による激しい戦いのなかで選ばれたのである。

2017年にアメリカ空軍のF-22ラプターによるデモ飛行を見て，畏敬の念に駆られていると，この驚くべき飛行機の厄介な起源を忘れても許されるだろう。今日では，ほとんどの戦闘機パイロットはF-22が比類なきものであることに同意している。F-22はすばらしい空の支配者であるが，アメリカ空軍は需要を満たすだけの十分な数を保有していない。また，1990年代にさかのぼると，予算を超過したうえに，徹底的な試験プログラムに巻き込まれ，資金調達に苦労していた。

F-22は，その実情を知る者たちから常に支持されていた。ややありきたりな外見にもかかわらず，F-22は戦闘機のルールブックを塗り替えた機体である。運用における可能性が認知されるまで，と

デモンストレーションおよび検証飛行でエドワーズ空軍基地近くを飛ぶYF-22PAV-1シリアルナンバーN22YF。（©ロッキード・マーチン）

ても長い時間がかかったが，ステルス（低観測性），高度なセンサーの融合といったありのままの性能は信じられないほどで，現代において無敵である。これは，開発期間が長引いても，この航空機の構想の段階から実戦配備までかかわり続けた人たちの賜物である。

ラプターの起源

F-22はマクダネル・ダグラスのF-15イーグルに代わる750機の新しい戦闘機を，アメリカ空軍が先進戦術戦闘機（ATF）として求めたことから生まれた。先進戦術戦闘機計画は，先進的なソビエト戦闘機と地対空ミサイル（SAM）・システムに対抗するため，アメリカ空軍の要求によって推進された。

アメリカ空軍は先進戦術戦闘機に空対空と空対地のいずれの役割

も視野に入れ，単一のプラットフォームとして両方の要件を満たす効果的な戦闘機を研究するよう命じた。1981年11月，実際には資金が投入されないまま，国防総省は新型戦闘機の開発にゴーサインを出した。この構想には，業界から目を見張るようなさまざまな設計案が寄せられ，最終的にサイズ，速度，機動性の面で煮詰められた。さらにアメリカ空軍はF-15Eストライク・イーグルやF-117Aナイトホークなどの舞台裏を踏まえて，空対空任務に力を入れ始めた。

1982年後半までにアメリカ空軍は航空優勢任務を優先し，F-15を直接代替するため，先進戦術戦闘機は多額の資金を提供する本格的な計画となった。1983年に最終的な提案依頼書（RFP）が発行され，アメリカ空軍は概念実証調査（CDI）の段階に入り，リスクの高い申し出を取り除くために，機種選定飛行競技に向けて選択肢を絞り込んだ。概念定義研究はボーイング，ゼネラル・ダイナミクス，グラマン，ロッキード，マクダネル・ダグラス，ノースロップ，ロックウェルによって開始された。興味深いことにF-117計画（1981年に初飛行）は秘密事項だったが，そこには先進戦術戦闘機チームが求めたステルス性に，高速と機動性の融合を可能にする新たな技術がすでにあった。しかし1983年の間にそれが明らかとなり，関連する情報の一部がアメリカ空軍から先進戦術戦闘機チームへ流され始めた。

評価期間を経て，1986年10月31日にロッキードのYF-22とノースロップのYF-23が勝利したと発表され，両社は実証・検証（DEM／VAL）段階に向けて試作機の準備をすることになった。並行してプラット＆ホイットニーとゼネラル・エレクトリックが，それぞれYF119と

初期のATFの設計

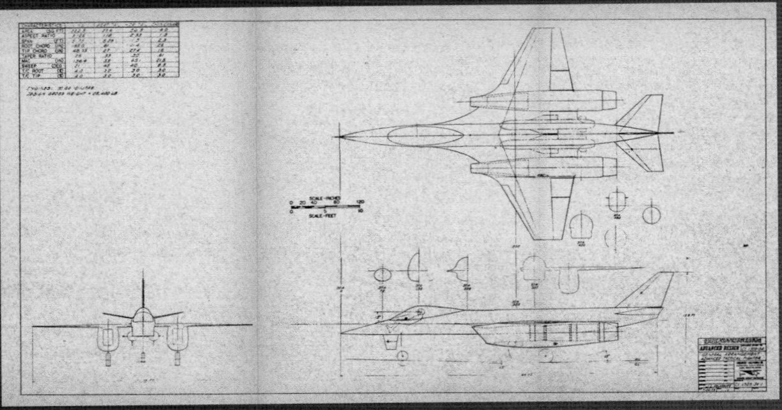

ロッキードによる先進戦術戦闘機の初期設計全体配置図。ロッキードは1970年代初めにアメリカ海軍の空対地攻撃用プラットフォーム“スーパーステルス”を最初に検討し終えていた。（©ロッキード・マーチン）

ロッキードが提案した090Pと呼ばれる形状は，吸気口のある主翼前縁から機首の先端まで一直線に伸びる広い外板があった。（©ロッキード・マーチン）

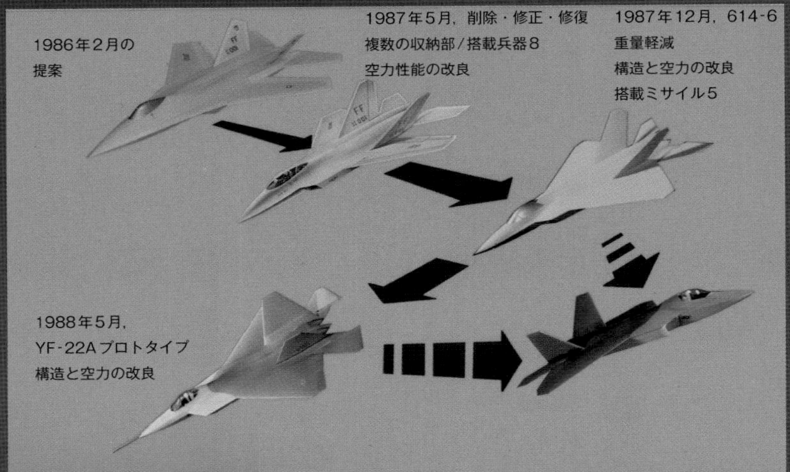

このロッキード社の図はF-22の設計変遷をよく表している。（©ロッキード・マーチン）

YF120という新しいエンジンの開発と製造を請け負った。

ロッキードの社内誌『コード・ワン・マガジン』の記事によると，次のような報告がある。「計画の実証・研究段階の提案が出される数カ月前に，空軍は提案要求を修正した。この変更により，設計におけるステルスの重要性が大幅に高まった。ロッキードはF-117から派生したステルス性の形状をもっており，新たな要求を受けて設計に手を加えることはなかった。ボーイングはステルス要件の増加に対応するために，吸気口の設計に若干の変更を加えたが，同社はツインテールのデザインがステルスの要件を満たしていることに満足していた。更新されたこの要件により，ゼネラル・ダイナミクスの技術者は，翼のポッドを含めてさまざまな場所にツインテールを設置することを再考せざるをえなくなった。翼の後縁と制御翼面は，前縁に合わせて山型に整列されてコウモリのような外観になっている。結局，ツインテールを受け入れる位置が見つからず，一本の中心線に沿った尾部と鋸歯《きょし》状の後縁のデザインが提出された。新しい最終形態はT-333と表示された」。

ロッキードのデザイン

ロッキード，ボーイング，ゼネラル・ダイナミクスは1986年7月にチームを結成し，先進戦術戦闘機に設計と財務の観点から共同で取り組んだ。それは，アメリカ空軍が先進戦術戦闘機の試作機をつくって飛行させたいと言ってから，2カ月後のことだった。実証・検証段階に選ばれたにもかかわらず，ロッキードの設計はその後，劇的に変化した。実際に設計者は文字どおり設計図の段階に戻ったのである。採用されたロッキードのデザインは明らかに

YF-22プロトタイプの最終組み立てはスカンク・ワークスが主導した。（©ロッキード・マーチン）

F-117に似ていたが，相次いで変更が加えられ，1998年4月にはYF-22の最終的なデザインが固まり，最初の図面が正式に公開された。2機のうち1号機はテキサス州フォートワースで製造が始まり，胴体の前方部はバーバンクにあるロッキードの施設で，後部と翼はシアトルのボーイング施設で同時につくられた。胴体中央部，兵器ベイ，尾翼，着陸装置はゼネラル・ダイナミクスが製造した。最終的にゼネラル・ダイナミクスの受け持ち分を得たロッキード・マーチンが計画の67.5%を管理することになった。試作機YF-22の2機は各部をロッキードの秘密開発部部門「スカンク・ワークス」が中心となってC-5Aギャラクシー輸送機で出荷し，カリフォルニア州パームデールに集められた。そして1990年1月13日に，パームデールでYF-22（プロトタイプ初号機PAV-1）の最終組み立てが開始された。競合する2チームのデザインが明らかにされたのは，初戦の直前になってからだった。PAV-1は1990年8月29日にスカンク・ワークスで公開された。

ノースロップのYF-23が初飛行したのは1990年8月27日だった。YF-22（初号機N22YF）は9月29日に機種選定飛行を行うため，デイブ・ファーガソンが操縦してパームデールからエドワーズ空軍基地まで飛んだ。

YF-22（PAV-1）初号機はゼネラル・エレクトリックのYF120-GE-100ターボファン・エンジンを2基搭載していた。2号機（PAV-2, N22YX）は2基のプラット＆ホイットニーYF119-PW-100ターボファン・エンジンを搭載し，10月30日に同じくパームデールからエドワーズ空軍基地に向けてトム・モーゲンフェルドが操縦した。2機のYF-22にはアメリカ空軍のシリアルナンバー87-0700と87-0701が割り当てられたが，1991年後半の試験で87-0701だけが適用された。

1990年8月29日，パームデールで初公開されたYF-22初号機。（©ロッキード・マーチン）

興味深いことに，信頼性と，契約どおりにできるかが重視された。ロッキードとノースロップの両陣営は，それぞれの航空機がどのように性能を発揮すると予想されるか，飛行後に実際のデータと比較するため封印された見積もりを提出するよう求められた。それは彼らのデザインがどのように機能するか予測するテストだった。

2機のYF-22は3カ月間で74回のテスト飛行を行った。プロトタイプは低観測性を求められてはいなかった。とはいえ，レーダー吸収材（RAM）を組み込んでいたものの，高速プラットフォームとしての耐久性を評価する最初の試みにすぎなかった。飛行試験のため，設計は飛行性能を目的としており，生産機を代表してはいなかった。1990年11月初旬にYF-22初号機は超巡航でマッハ1.58を維持し，再過熱でマッハ2を超えた。2機のYF-22はすぐに第一級の機動性とロールレート（横転率），そして兵器の働き（AIM-120 先進中距離空対空ミサイルとAIM-9サイドワインダー・ミサイルを側面と中央の兵器ベイから発射）で，その敏捷さを発揮した。YF-22試験計画における最初の実証・検証段階は1990年12月28日に完了し，2機のYF-22は74回の飛行で合計91.6時間を記録した。

カリフォルニア州パームデールで最終組み立て中のPAV-1。（©ロッキード・マーチン）

YF-22と一緒に写るデイブ・ファーガソン。ファーガソンは2011年8月10日に惜しまれつつこの世を去った。彼は1979年にロッキードに入社し，1999年に飛行試験の管理者を退任した。（©ロッキード・マーチン/デニー・ロンバード）

大接戦

1997年9月7日にF-22Aの初飛行を行ったテスト・パイロットのポール・メッツは，この当時，ノースロップYF-23のチーフ・テスト・パイロットを務めていた。のちにロッキードに入社し，1992年から2001年までロッキード・マーチンでF-22のチーフ・テスト・パイロットとなる。

メッツは1968年にアメリカ空軍に入隊し，F-105Gワイルド・ウィーゼルで東南アジアにおける作戦任務に従事した。北ベトナム上空で攻撃任務を支援するため，地対空ミサイルや対空陣地に対する一連の作戦を含む68回の任務を行い，二つの功労十字章と六つの航空勲章を獲得した。その後，1976年にエドワーズ空軍基地のテスト・パイロット学校を卒業し，1980年にノースロップ・エアクラフトに技術テスト・パイロットとして入社した。彼とチームはYF-23で重要な役割を果たし，今日まで多くの人がさまざまな点で優れた設計であったことを示唆している。メッツはYF-23とF-22Aの両方に搭乗したことがあるユニークな立場にあるが，両者の性能比較について，これまで公にコメントしたことはない。

なお，メッツはYF-22とYF-23の飛行試験プログラムについて，本書にこのように語っている。

「空軍は意図的に両チームを物理的に分離し，お互いにコミュニケーションをとれないようにしていた。興味深いことに，私たちは同じ格納庫にいた。片方がYF-22，もう一方がYF-23」。

「YF-23のチーフ・テスト・パイロットである私と，YF-22のチーフ・テスト・パイロットであるデイブ・ファーガソンは飛行前に会って，同じエンジンを使用しているから，両チームに影響を与えるようなことが起こる可能性があると話したが，それ以外は空軍の要求を尊重した。もし，両チームに影響を及ぼす可能性のある問題が発生した場合は，ほ

エンジンの競争

1983年9月にエンジンの実証・検証プログラム（DEM/VAL）が開始され，1986～87年には地上試験が行われた。1988年初めに飛行試験用のプラット・アンド・ホイットニーYF119とゼネラル・エレクトリックYF120が発注され，エドワーズの飛行試験プログラムで4機とエンジンの組み合わせがすべて実施された。

1990年10月30日，トム・モーゲンフェルドがPAV-2の初飛行を行った。このYF-22は，プラット・アンド・ホイットニー製のYF119-PW-100ターボファン・エンジンを2基搭載していた。（©ロッキード・マーチン）

ノースロップYF-23。1990年後半，デモンストレーションと検証の段階で二つの戦闘機が対決した。(©アメリカ空軍)

「空軍はわざと二つのチームを物理的に分離し，お互いにコミュニケーションをとれなくした。」ポール・メッツ

1990年，エドワーズ空軍基地近郊でデイブ・ファーガソンが操縦するPAV-1。(©アメリカ空軍)

1990年9月29日，パームデールでYF-22の初飛行に臨むデイブ・ファーガソン。(©ロッキード・マーチン)

かのテスト・パイロットと連絡をとり，何が起きているのか，何が問題なのかを伝えて，悪いことが起こる前に調査できるようにしていた。そうやって飛行の安全性という点でコミュニケーションがとれたのだ」。

メッツはYF-22のファーガソンより1カ月前にYF-23で飛んだが，その時のことを彼は次のように語っている。「私たちは遠ざけられていた」。

彼は続ける。「約90日に絞り込んだ非常に短いプログラムだった。空軍の命令で，YF-22とYF-23を飛ばすパイロットはいなかった。空軍はパイロットが両方の飛行機を操縦したあとで，レポーターに“どちらがよいか”と聞かれるような状況を避けたいと考えていた。それは，会

2機のYF-22試作機は1990年後半の厳格なプログラムのもと，その性能を発揮した。（©ロッキード・マーチン）

社が競争に負ける潜在的な要因になる。その点，空軍は非常に厳しかったが，プログラムにおいては互角だった」。

YF-23の開発に携わった時期を振り返りながら，メッツは次のように語っている。

「ノースロップにはフル装備のコックピットと視覚システムを備えたドーム型シミュレーターがあった。1986年当時は，テレビ画面とコンピュータ・コンソールにジョイスティックとスロットルがあるだけだったが，12台の有人双方向コンソール（MIC）・ステーションがあった。ステーションにはそれぞれパイロットが就き，模擬空中戦を何度も繰り返し，レーダーの探知範囲と自分の致死率にどのように影響するかを調べていた。このデータをもとに，何にお金をかけるべきかを決定した。

革新的技術　ポール・メッツ

「私たちはそれを“イェーガー効果”と呼んだ」とチャック・イェーガーは著書で，フォッケウルフFw190とP-51のどちらが優れた飛行機なのか，飛行隊で議論になったと語っている。イェーガーは「捕獲したFw190で試してみよう」と言った。それでイェーガーがFw190に乗り，ほかの者が乗ったP-51と対戦した。模擬空戦を行い，イェーガーが勝った。彼らは戻ってきて言った。「ほら言っただろう。Fw190の方が優れていると」。

彼らはパイロットの技量に関係があるに違いないと結論づけた。

「F-22のようなこのクラスの航空機について人びとが理解していないのは，私が“ファーンボロー現象”と呼んでいるものだ。私たちは皆，これらの航空機が壮大なデモンストレーションを行うのを目の当たりにしている。私はこの状況についてある人と話したことがある。『ポール，ここで最高の航空機はなんだ？』。私は『どれでもない。君はサーカスのショーでも見ていたのだろ』と答えた。私がなぜそう言ったのかというと，ステルス機は見られずに倒すからだ。彼らは空中戦を行わない。実際，空中戦になれば攻撃を受けやすく，見えるのだから誰であれ飛びかかってきて撃ち落されるかもしれない。ステルス機の威力は戦場に忍び込んで姿を見せず，ほかの航空機を撃ち，どこからミサイルが飛んでくるのか相手にはわからないことだ」。

「私たちの先進戦術戦闘機シミュレーターでは5〜6分間の飛行でレッド・エア（敵側）の攻撃機を想定した。レッド・エアの連中は，私たちのフライト・テスト技術者たちに苦戦していた。彼らは何度も繰り返し敗れたが，その方法はまったくわからなかった。これはステルスの威力を証明し，航空戦のあり方を大きく変えた」。

最終判定

ノースロップのパートナーであるマクダネル・ダグラスは，破綻した海軍のA-12アベンジャー計画にかかわっていたため，YF-23チームには先進戦術戦闘機計画を遂行する自信がなかった。それをさらに悪化させたのは，1991年初頭の“砂漠の嵐”作戦」でロッキードのF-117が英雄的な名声を得たことだった。これは実際，ロッキードの系統と新型ステルス戦闘機の開発能力に大きな信頼を寄せるのに役立った。

ドナルド・ライス空軍長官は防衛予算の減少に伴い，調達する先進戦術戦闘機の数を750機から648機に減らす大英断を発表した。このとき，

1990年10月25日，マーク・シャッケルフォード大佐は，アメリカ空軍のパイロットで最初にYF-22試作機を操縦した。（©ロッキード・マーチン/デニー・ロンバード）

エドワーズ空軍基地の滑走路に着陸するPAV-2。（©ロッキード・マーチン）

エドワーズの試験駐機場でのPAV-1とPAV-2の貴重なショット。（©アメリカ空軍）

YF-23は競合するYF119とYF120のターボファン・エンジンも搭載した。（©アメリカ空軍）

1990年10月26日，YF-22は最初の飛行中に空中給油が行われた。（©ロッキード・マーチン）

写真撮影機のF-15Dが見守るなか，ポイント・ムグ海軍基地上空で試射されるAIM-120A 先進中距離空対空ミサイル。（©アメリカ空軍）

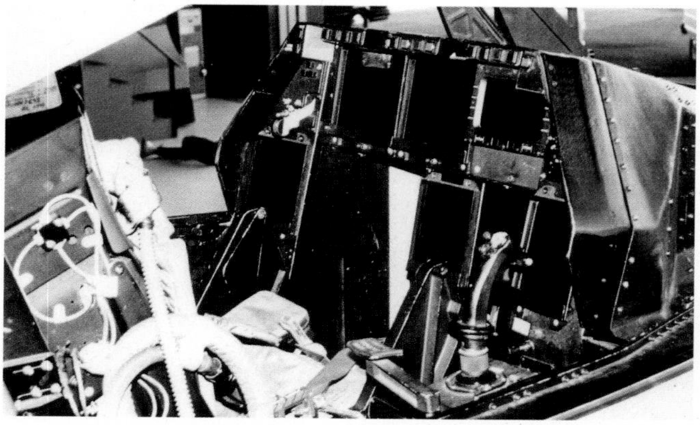

テスト·プログラム終了後のYF-22コックピット。（©アメリカ空軍）

YF-22は明らかにラプターのデザインの特徴を示しているが，生産機では大幅に変更されている。（©アメリカ空軍）

648機の調達には総額991億ドルの計画予算が見積もられており，当時としては最も高価な兵器システムとなっていた。

1991年4月23日，F-22とプラット＆ホイットニーF119が勝利した。ドナルド・ライス長官は，国防総省のブリーフィングでこの結果を発表し，F-22とF119の組み合わせは「低コストで明らかに優れた能力を提供し，真に最高の価値あるものを空軍に提供している」と述べた。

8月に正式な技術・製造開発（EMD）契約が結ばれ，F-22とF119チームには合計109.1億ドル（機体95.5億ドル，エンジン13.6億ドル）の契約が授与された。その後，ロッキード，ボーイング，ゼネラル・ダイナミクスにプラット＆ホイットニーが加わった。

プラット＆ホイットニー製のエンジンを搭載したYF-22 PAV-2は，1991年10月30日にテスト飛行を再開し，追加の操作試験といくつかの技術・製造開発前の作業を支援した。この間に39回飛行したが，1992年4月25日にエドワーズ空軍基地でスローパス（滑走路上で脚を降ろしての低空飛行）を行おうとして制御不能に陥り，墜落した。このYF-22はテスト飛行後，エドワーズ空軍基地に戻ると滑走路上約40フィート（約12m）でパイロットの意思に反して一連の上下振動が起きた。着陸装置を引っ込めた状態で機体は滑走路に衝突し，8,000フィート（2,438m）滑走した。飛行不能となったが，外部の損傷は修理された。このYF-22はC-5に載せられてニューヨークのグリフィス空軍基地に運ばれ，そこでアンテナのテストに使用された。PAV-2は合計100時間以上，70回のテスト飛行を行った。

YF-22にとって残念な結果となったが，すでに次の段階となる技術・製造開発に注目が集まっていた。当初はF-22B複座機を2機含む11機の生産代表試験機（PRTV）と1機の静的試験機，1機の疲労試験機が計画されていた。YF-22の性能比較飛行と同様にスケジュールは意欲的で，1995年8月には最初の技術・製造開発機が飛行を予定しており，2001年にはアメリカ空軍との初期運用能力（IOC）の実現が求められていた。♠

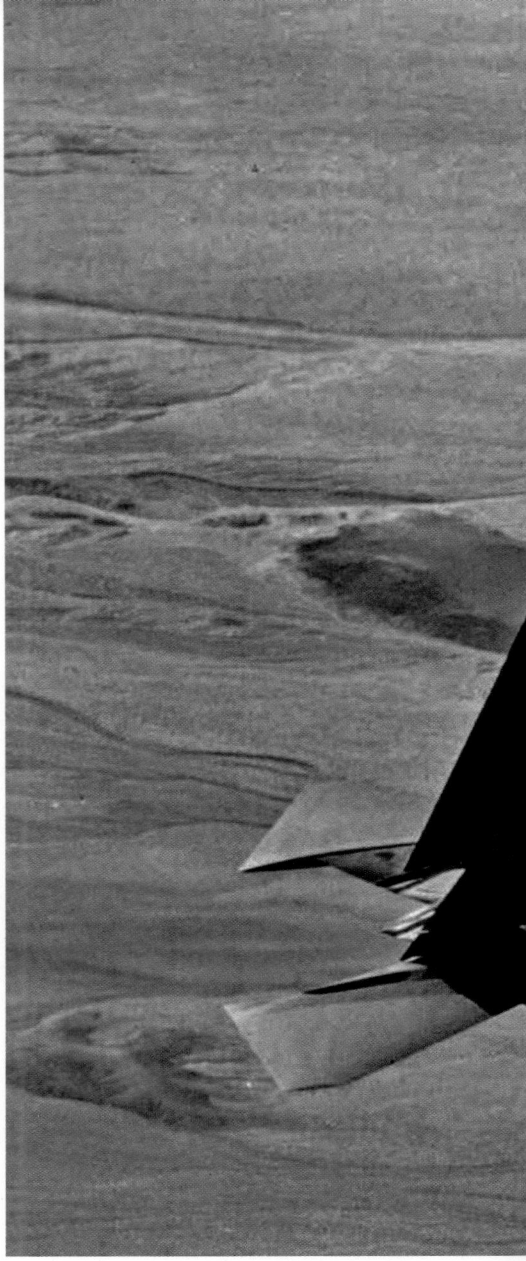

写真のN22YF（PAV-1）はテスト・プログラム終了後，オハイオ州デイトンの空軍博物館に送られ，PAV-2は静止試験機として使用された。（©アメリカ空軍）

エドワーズ空軍基地近くで先進戦術戦闘機のデザインを競い合って飛行する貴重な写真。（©アメリカ空軍）

YF-22テスト・ポイント（1990年）

・8月29日：最初の試作機N22YFがパームデールで公開される。
・9月29日：初飛行。
・10月26日：初の空中給油。
・10月30日：試作2号機（N22YX）が初飛行（パームデール→エドワーズ）
・11月3日：初の超音速巡航飛行（PAV-1）。
・11月15日：PAV-1による初の推力偏向デモンストレーション。
・11月23日：PAV-2による初の超音速巡航飛行。
・11月28日：ジョン・ビーズリーがカリフォルニア州の海軍航空兵器基地（NAWS）のチャイナレイク区域上空で，PAV-2によりAIM-9Mサイドワインダーを初めて発射。
・12月1日：PAV-2による初の推力偏向デモンストレーション。
・12月20日：トム・モーゲンフェルドがカリフォルニア州ポイント・ムグのパシフィック・ミサイル・テスト場で，PAV-2によりAIM-120A 先進中距離空対空ミサイルを初めて発射。

1997年9月7日，ポール・メッツが操縦するラプター01の初飛行。（©ロッキード・マーチン）

第2章
ラプターの進化
飛行試験：YF-22からF-22へ

YF-22計画が完了すると，ロッキード・マーチンは生産型F-22（のちにラプターと名づけられる）の開発に移った。膨大な開発努力の結果，作戦運用への道が開かれた。

先進戦術戦闘機計画における，YF-22実証・検証段階から始まるさまざまな要素は，すでに遅れていた。しかし，これはロッキード・マーチンが技術・製造開発段階を開始する前に，初期運用能力を着実に正しい方へ押し上げるのに役立った。手頃な価格になるのかという懸念から，生産計画は750機から648機に縮小されたが，それ以上のものをもたらすことになったのである。

技術・製造開発に移行する際に，F-22チームが直面した主な課題の一つは，高性能な設計と最後まで一貫した支援を念頭に置き，重要な低観測性とのバランスをとることだった。アクセス・パネルの開口部と外部のステルス性コーティングが破損する潜在的な可能性を最小限に抑える必要があり，部品と整備手順はしっかりとしなければなかった。すべての兵器と燃料は，ステルス性を損なわないように内部に収納する必要があった。それは容量の大きい機体設計を意味する。フライ・バイ・ワイヤの飛行制御システムは非常に高度であることから，推力偏向と高レベルの操縦性を実証する必要があるため，ソフトウェアを作成して性能を明確に示すために試験を行った。

F-22計画とF-35ライトニングⅡは比較できる。現在の統合攻撃戦闘機計画のように，F-22もまた，より著しい規模ではあるが同時並行のリスクを負っていた。

会計検査院（GAO）による1995年の報告書では，F-22の開発における同時並行性が主要なリスクであると強調されている。しかし，その同時並行性に関する懸念の多くは，その後に期限を動かすことでラプターA計画から解消された。技術・製造開発段階が完了するまでに，アメリカ空軍には12機のラプターだけが納入されたのに対し，まだ比較システム設計・開発（SDD）を終えていないF-35計画は数百機が納入されていた。

沈黙の殺し屋

F-22が敵に与える致死率の高さは，その主要な部分をBAEシステムズのAN/ALR-94パッシブ電子戦受信システムと，ノースロップ・グラマンのAN/APG-77アクティブ電子走査アレイ（AESA）・レーダーを中心に構築された電子機器一式が担っている。ALR-94は主翼と胴体に30個以上のアンテナが組み込まれており，レーダー信号を360°カバーできる。これについて，ロッキード・マーチンの元F-22計画マネージャーであるトム・バーベッジは，「航空機に搭載されている機器のなかで最も技術的に複雑な部分」と評している。レーダーよりも広い探知距離（250海里以上＝463km）があり，これによりラプターは自身のレーダー放射を制限して低観測性を最大化できる。目標が接近すると，ALR-94はAESAレーダーに合図を送り，焦点を収束したビームで目標を追尾する。また，安全なイントラフライト・データ・リンク（IFDL*）を介して，編隊内で密かにデータを送受信できる。

コックピットでは，F-22のパイロットが戦術家として設定されており，電力や油圧など多くのシステムはすべて自動化され，コンピュータ制御されている。センサー融合は，F-22のセンサー一式をあらゆる面から適切に組み合わせたもので，取り扱いが容易になっている。これはレーダーとデータ・リンク経由で受信したALR-94のデータを融合する。

これらはすべて技術・製造開発計

*北太平洋条約機構の空軍で採用されている戦闘機用戦術データ・リンク。航空無線と改良型データ・モデム（IDM）を連動させ，最大で4機の戦闘機がネットワークに接続できる。

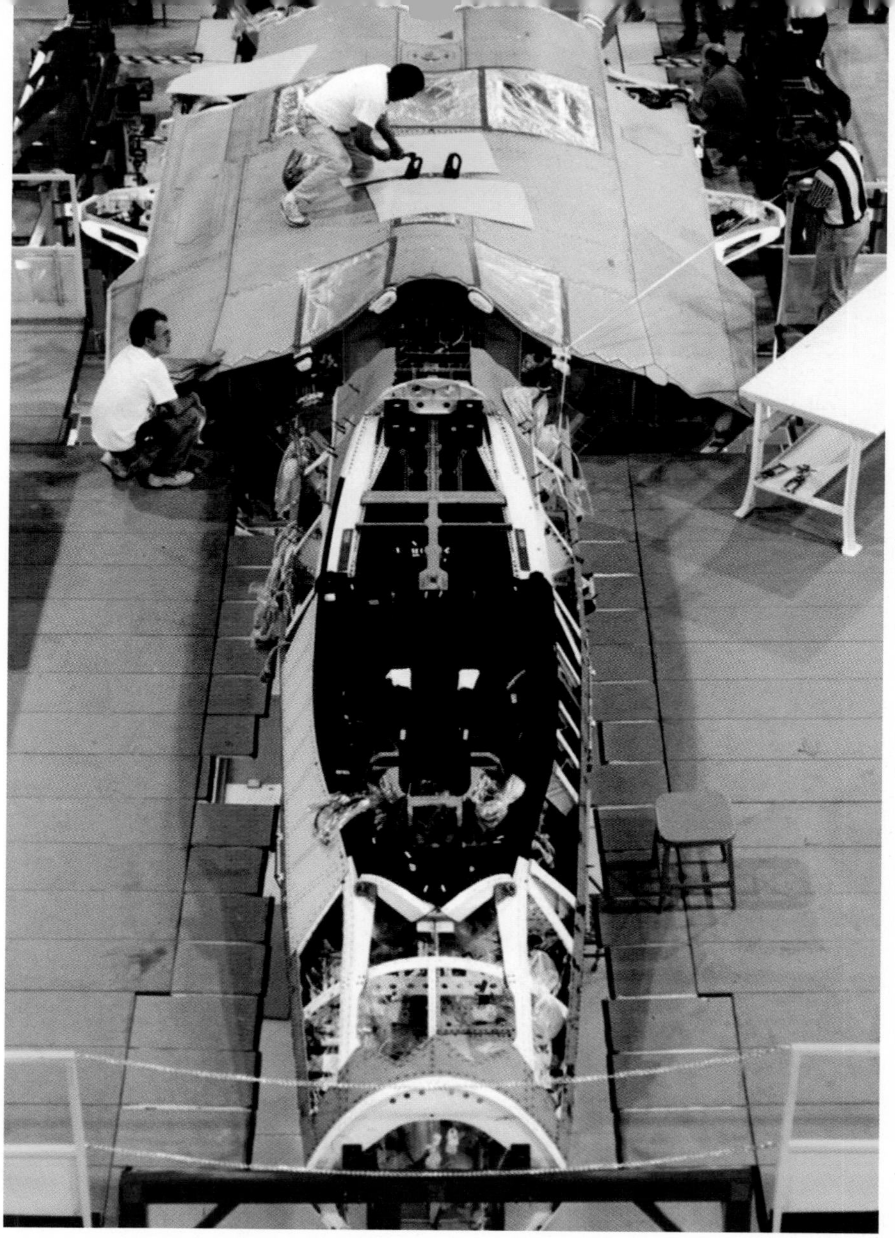

フォートワースから3日間のトラック旅行を経てマリエッタに到着した4001号機の胴体中央部。（©ロッキード・マーチン/ジョン・ロッシーノ）

ハッシュ・ハウス（減音施設）でプラット＆ホイットニーF119エンジンのテスト。（©アメリカ空軍）

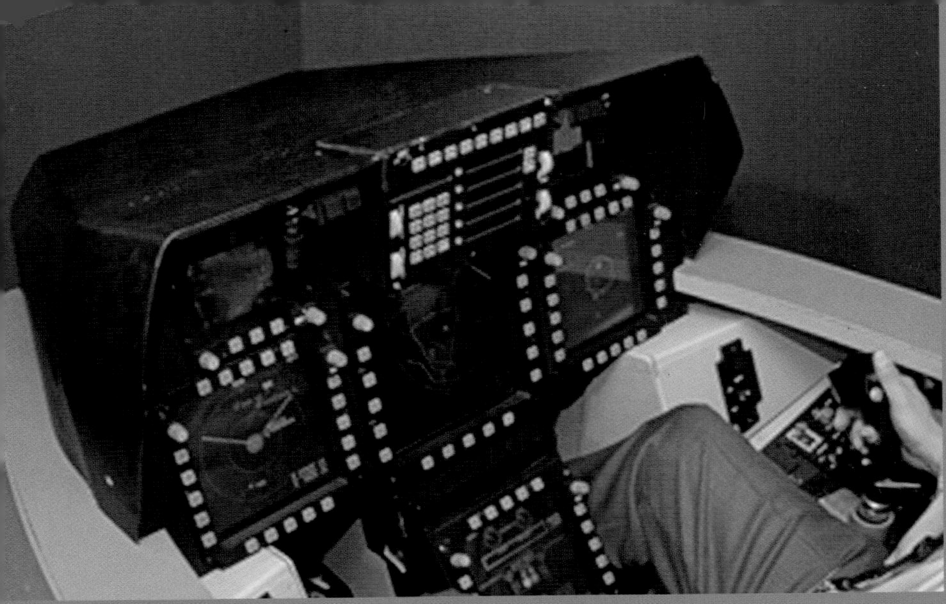

技術・製造開発の初期段階では，操縦方法の設計に力が注がれた。（©ロッキード・マーチン）

画で詳細化が始まり，1991年8月2日に11機（のちに9機に縮小）の飛行試験機と1機の静的試験機，1機の疲労試験機に適応された。

いくつかの非常に主要な障害と予算の制約があったせいで，F-22は初飛行が当初の1995年から1997年5月に遅れた。調達計画もさらに削減された。1993年にアメリカ空軍はF-22を648機，1995年には単価8,400万ドルで購入を計画していたが，その後，さらに削減が進み1994年には442機，1997年の「4年ごとの国防計画見直し報告書」では339機にまで削減された。1994年の削減では，予想される単価は9,100万ドルになった。このような絶え間ない削減と，計画およびチームのテスト・スケジュールを再構築する必要性から，莫大な浪費が発生したのであった。

この間に二人乗りのF-22Bもコストの理由で計画から削除された。アメリカ空軍は（適切として），“能天気”なF-22の先進的フライ・バイ・ワイヤの操作と高度なシミュレーターの使用により，二人乗り訓練機は必要ないと確信していた。

F-22計画は生産数の面で削減を迫られるだけでなく，戦闘任務の拡大でその存在を正当化するよう圧力をかけられた。1993年5月，アメリカ空軍は精密誘導弾（PGM）による空対地戦闘能力の必要性を追加した。1993年5月に650万ドルの追加契約がなされ，主兵器ベイとそれに関連する電子機器を，2発のAIM-120の代わりに1,000ポンド（454kg）統合直接攻撃弾（JDAM）2基を追加できるよう適合させせることが合意された。実際，地上攻撃能力の追加は最終的にF/A-22として一時的に再指定されることになり，2002年9月17日にジョン・ジャンパー空軍参謀長が発表した。これは2005年12月にF-22Aの名称が再び採用されるまで続いた。

技術・製造開発に話を戻すと，予備設計報告は1993年4月30日に，

F-22初号機はマリエッタのB-1ビルにある最終組み立てエリアから，燃料補給作業とエンジンの試運転のために新しく建設されたB-22エンジン騒音減衰施設まで牽引された。（©ロッキード・マーチン/ジョン・ロッシーノ）

9月7日，初飛行に向けてタキシング中のポール・メッツ。（©ロッキード・マーチン）

初飛行を終えマリエッタに戻ってきたラプター4001。（©ロッキード・マーチン）

「私たちは高度15,000フィート(4,572m)まで上昇を始めると，私はギアを下げ，F-16は左にいた。彼は私から遅れ始め，追いつくためにアフターバーナーを使わなければならなかった。その時，私はF-22のすばらしいパワーを理解し始めた。」ポール・メッツ

最終設計審査（CDR）は1995年2月に完了し，コンフィギュレーション（形状）645が最終決定された。F-22の最終設計審査とF119エンジンの初期生産前審査（IPRR）で，初期技術・製造開発機の組み立てに進む準備ができていると確認された。

1993年12月8日，ワシントン州ケントにあるボーイングの施設では，技術・製造開発初号機（シリアルナンバー4001，「ラプター01」）の最初となる部品の製造がすでに始まっていた。それは機体，エンジン，兵器放出試験に特化した技術・製造開発機（3機）のうち最初のものだった。1995年11月2日にマリエッタで胴体前方の組み立てとともに，機首にある着陸装置穴の作業が開始された。

試作機は1997年4月9日に公開され，F-22は正式に「ラプター」と命名された。スーパースターという名前は1991年に却下されていた。

初飛行

本書の出版は1997年9月7日にF-22Aラプター初号機が初飛行して20年の節目に当る。ロッキード・マーチンはジョージア州マリエッタをF-22の生産拠点に割り当て，初飛行はそこで行われた。

初飛行の操縦席にはポール・メッツが座っていた。メッツはロッキード・マーチンのF-22のチーフ・テスト・パイロット（CTP）を務めていた。

メッツは次のように語っている。「YF-23の先進戦術戦闘機競技ののち，ノースロップは私をB-2爆撃機計画に異動させた。私は2年間そこにいたが，ちょうどB-2の点検プログラムを受けようとしていたときに，ロッキード・マーチンから電話があり，F-22のチーフ・テスト・パイロットになりたいかどうか尋ねられた。デイブ・ファーガソン（YF-22のテスト・パイロット）と私は，『どちらにせよ負けたチームのほうが履歴書を提出する』と言っていたので，負けた私はそうした。こうしてラプターの設計と製造を手伝うために，ジョージア州のマリエッタにあるロッキードに行けという申し出があったわけだ」。

初飛行の前に親指を立てるポール・メッツ。（©ロッキード・マーチン/ジョン・ロシーノ）

メッツと彼のスタッフは，サブシステムの設計，飛行特性，シミュレー

ジョージア州マリエッタから初飛行したラプター 4001。ポール・メッツは操縦性が優れていると報告し，同機の性能について印象を語った。（©ロッキード・マーチン）

C-5ギャラクシーでエドワーズ空軍に到着したラプター 4001。（©ロッキード・マーチン）

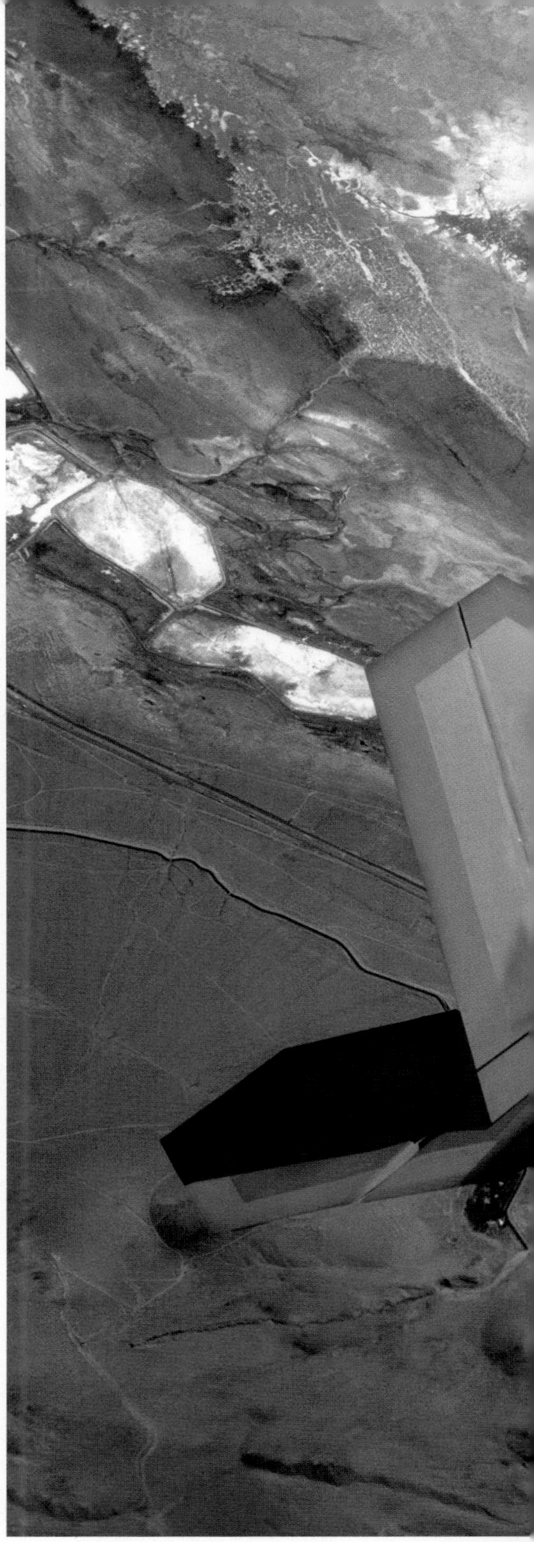

ション，電子機器，コックピットのレイアウト，マンマシーン・インターフェース*について技術者と密接に協力した。彼はYF-22の形状から初期の技術・製造開発作業を経て，1997年の初飛行に至るまでの複雑な作業プログラムで中心的な役割を

海軍航空兵器基地チャイナレイク近くのオーウェンズ湖上空でテスト飛行中の技術・製造開発機05。（©ロッキード・マーチン/ケビン・ロバートソン）

果たした。

「テスト・パイロットとしての教育は工学技術の分野でもある」とメッツは言う。「私は航空宇宙技術者なので，空力，油圧，ECS（環境制御システム），着陸装置，ブレーキなど，航空機のあらゆる面で技術者と密接に仕事をしていた。それには主に二つの理由がある。一つ目は，問題に対するパイロットの認識を与えるためだ」。

二つ目は，航空機を操縦するなら内側から知るのが一番だ。このアプローチは，すべてのナットやボルトがどういう働きをしているのか理解する機会になる。私にとっては，信

＊パイロットとコンピュータの間で情報のやりとりをするタッチパネルやディスプレイなどの入出力装置およびそのプログラムのこと。

ラプター4001はマリエッタで2回飛行したのちにエドワーズに輸送され，1998年5月17日に再び飛んだ。（©ロッキード・マーチン）

じられないほど才能ある設計技師たちと肩を並べることができてゾクゾクした」。

YF-22とF-22Aの最終形状の主な違いについて物理的な外観はさておき，メッツは次のように述べている。

「重要なのは洗練された飛行特性だ。この種の航空機はパイロットの物の見方を変える必要があるのは明らかだった。私たちは戦術家としての役割が基本任務であり，ラプターを操縦するのは二の次にしたかった。基本任務とは，自分で情報を得てほかの航空機を正確に破壊することだ。つまり，パイロットが何をやっても耐えられるようにエンジンと機体の設計に重点を置き，それを“能天気”と呼んだ。これは操縦桿とスロットル，それに機体があればどんなに予期しないことをしても危害を被らないというアイデアだった。飛行制御が外れることも，どんな意外性もない。そのためには飛行制御，特にエンジンの論理をいくつか実際に改良する必要があった。

作戦のシステムもすべて設計したから自分たちで解決できた。今ではどうやってラプターを起動し，完全に機能させるか教えられる。バッテリー・スイッチをオンにして，補助電源ユニット（APU）のスイッチを実行し，スロットルを待機状態にして待つ……すべきことはそれだけ。エンジンが始動し補助電源ユニットがシャットダウンして電子機器が作動する。すべて機能することを確認するために組み込まれたテストが行われる。それが終わればタキシングして飛行準備が整う」。

「このレベルの自律性を実現するには，機体メーカーとプラット＆ホイットニーのエンジン・チームの間で大規模な協力が必要だった。私はプラット＆ホイットニーの力業に脱帽しなければならない。彼らはほかのエンジンの基準をはるかに超えてF119（エンジン）を開発した。たとえば1995年7月にフォートワースで大きな会議があったが，主な話題は“どうやってエンジンを始動させるか？”だった」。

「スイッチやツマミがいろいろあり，私たちは，『いや，君たちと協定を結ぼう』と言った。スロットルが待機から最大推力までの範囲にあるとき，エンジンをスプール・アップ（エンジン回転数の増加）させたいのだ。エンジン・スロットルがオフの位置にあるときはエンジンを作動させたくない。また，F-22が高高度で飛行中にエンジンが炎上した場合，その高さでは再始動できないのはわかっている。私たちは『航空機を始動範囲に戻すことができたらエンジンを正常に作動させなければならない』と言った。彼らは高度が非常に高くても，燃焼器を点火しておけることに気づいた。エンジンをフルスピードにはできないが，暖めて点火しておくには十分だ。パイロットがしなければならなかったのは，機首を上に向けて機体を正しい高度と対気速度に下げ，エンジンを自動的に始動させることだった。エンジンが自力で始動できない場合は，補助電源ユニットが自動的にエンジンの回転数を上げてくれる。基本的にはエンジンを始動させるために複数の始動条件を設定する。パイロットがやるべきなのはエンジンを“作動範囲”に収めることだ」。

ラプターは大部分がソフトウェアで駆動している。それは飛行制御，任務，電子機器，レーダー，装備品管理といった，いくつかのタイプのコンピュータを特徴としており，ロッキード・マーチンは航空機管理システム・コントローラを追加した。これは，油圧，燃料，酸素を管理し，それらのサブシステムをすべて調整する。メッツは，「ソフトからハウスキーピング・タスクの機能を取り除き，すべてを自動化できた」と語っている。

これらの作業はすべて初飛行前に完了していた。当初は1997年5月に予定されていたが，燃料漏れとハードウェア関連の異常により9月7日に延期された。

「初飛行の準備は9カ月前から始まった。単座とはいえ一人で運用するのではなく，30人ほどの技術者で構成されたミッション・コントロール・ルームがあった」とメッツは語る。彼によると，初飛行のために総ざらいのオリエンテーションを一週間にわたって行ったという。

飛行試験機

1997年11月からノーズコーンにAN/APG-77レーダーを搭載したボーイング757（N757A）の空中飛行試験機（FTB）で電子機器の試験が行われた。これは，当初の反復処理からブロック3まで電子機器の構成配列を通して繰り返した。1998年後半にはさらに改良が加えられ，胴体前方の上に代理の翼が取り付けられ，1999年にはコンフォーマル・アンテナ*の試験を開始した。

ボーイングが運用する空中飛行試験機は，2008年6月に飛行できる状態に復帰した。特に電子攻撃能力を追加したF-22のインクリメント3.1アップグレード（ソフトウェア）のテストに使用された。空中飛行試験機はソフトウェアがリリースされる前にF-22ミッション・ソフトウェアを早期に確認するため，エドワーズとネリの両空軍基地（主にエドワーズ）で，F-22ラプターとともに定期的に飛行した。

2017年，ボーイング757は最新のインクリメント3.2Bプログラムに関連してエドワーズに戻された。ボーイング・アジャイル統合研究所のF-22主任試験管理官レイチェル・キッツマンは，「私たちのF-22ミッション機器は757の航空管制とは完全に分離されており，正式な機器運用飛行の認可プロセスを経ていないプロトタイプ・ソフトウェアで飛行できた。これにより第411試験飛行隊へ引き渡す前に，エドワーズで開発中のソフトウェアと問題点をまとめて早期に把握できた」と言う。

キッツマンによると空中飛行試験機は飛行中にソフトウェアの負荷をリアルタイムで変更する機能があり，これをテスト・チームは開発初期で複数の設定を試した。757にはボーイングのテスト・エンジニアとともにすべてのミッション機器が収容された。F-22のテスト・パイロットや顧客担当者が757の機内で飛行試験に立ち会った。さらに，757は約7時間の出撃が可能で，一般的なF-22の試験飛行任務よりもはるかに長い。

2017年5月のエドワーズ空軍基地訪問は，空中飛行試験機が1999年から拠点としていたワシントン州シアトルのボーイング・フィールド（キング郡国際空港）から飛び立つ最後のフライトとなった。エドワーズをあとにした空中飛行試験機は，ミズーリ州セントルイスの新たな拠点へ向かった。

＊機体の曲面上に多数のアンテ素子を配列したフェイズド・アレイ（位相配列）・レーダーのアンテナ

AN/APG-77レーダーを搭載したボーイング757飛行試験機。エドワーズでテスト・チームと一緒に撮影した。（©アメリカ空軍）

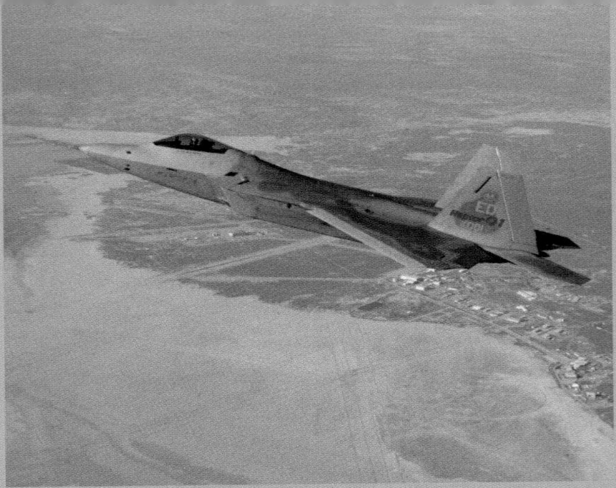

エドワーズ空軍基地で初飛行するラプター01。スティーブ・レイニー中佐が操縦桿を握り飛行を再開した。（©ロッキード・マーチン/ジャドソン・ブローマー）

1999年4月のテスト風景。主兵器ベイのドアを開けると，向かって左に3発の先進中距離空対空ミサイル（AMRAAM）・テスト弾，右にオレンジ色の計測器テスト・キットが見える。（©ロッキード・マーチン/ケビン・ロバートソン）

チームは各パートを信じられないほど詳細に調べ，潜在的な緊急手順をすべて実行し，起こりうるすべての障害を地上で運用し，最初の任務を処理するための自信をつけた。

メッツは初飛行でドビンズ空軍予備役軍団基地を離陸し，マリエッタとの往復飛行で，アトランタの混雑した航空交通システムに巻き込まれたのを思い起こす。

「エドワーズからのF-15に加えてF-16が私たちを追跡することになった。離陸後にF-16が合流すると，すぐにラプターの威力がわかった。ミリタリー推力*1は従来の戦闘機をはるかに凌駕した。

私たちは1万5,000フィート（4,572m）まで上昇し始め，私は脚を下ろし，F-16は左手にいた。F-16が離れていき，ついていくにはアフターバーナーを使う必要があった。そのとき，私はF-22の実力を認識し始めた。一旦高度を上げ，何度か少し操作して脚を引き込んだが，時速約250ノット（463km/h）までしか上がらなかった。この航空機はシミュレーターのようだった。約1時間後にマリエッタへ着陸するときに一番怖い局面がやってきた。そこには数千人がおり，私はしくじりたくなかった」。

予定どおりに着陸し，メッツはラプターを“飛ぶ喜び”と表現した。彼は58分間飛行した。9月14日には2回目の出撃が35分間行われた。その後，小規模な構造的改修が行われ，地上荷重試験とひずみゲージの測定のために構造試験設備に設置された。

テスト飛行でパイロットが左肩につけていた試験チームの記章。「F-22ラプター　統合試験部隊」の文字が読める。

*1 ジェット・エンジンでアフターバーナーを使用せずに出せる最大推力。燃料消費が大きいアフターバーナーを使わずに大きな推力を発揮できることは，航空機の性能を図る目安になる。

エドワーズ空軍基地の管制塔前を飛行するラプター02。構造試験用のラプター3999と疲労試験用のラプター4000を加えた技術・製造開発用9機のうち1機である。（©ロッキード・マーチン）

2000年7月25日，ラプター02が初めてAIM-9を発射した。写真は2002年7月25日にクリス・ショート中佐がラプター03を操縦し初の超音速発射を行った瞬間。（©ロッキード・マーチン/デルク・ブランセット）

2004年4月22日，フレッド・ノックスのラプター02が飛行中に外部燃料タンクを投棄している場面。（©ロッキード・マーチン/ケビン・ロバートソン）

F-22には限られた兵器ベイに収まるよう開発されたAIM-120C用の特別な“圧縮型発射架”が搭載されている。（©ロッキード・マーチン/トム・レイノルズ）

エバン・トーマス中佐は2004年4月23日に1,000ポンド（454kg）GBU-32統合直接攻撃弾の初分離試験を完了した。写真は2005年12月にジョン・タイチャート中佐が操縦して，初めて統合直接攻撃弾の超音速誘導放出試験を行う場面。（©ロッキード・マーチン/ダリン・ラッセル）

エドワーズへの移動

4001号機は1998年2月にC-5ギャラクシーに載せてエドワーズ空軍基地に送られるまで，マリエッタで2回しか飛行しなかった。5月にテスト飛行が再開した。ポール・メッツは「最初の飛行後すぐにエドワーズに向かうのが正しいと感じた。ジョン・ビーズリーは切り詰めて二往復飛んだ。私はエドワーズに仕事場を構えるために出発した」と言う。

“シップ・ツー（4002号機）”は1998年6月29日にマリエッタで初飛行し，8月26日にエドワーズに運ばれた。続いて7月30日にはF-22初の空中給油（4001による）が行われた。

テスト・ポイントは段階を上げて始まった。1998年10月13日，ロッキード・マーチンのテスト・パイロット，ジョン・ビーズリーが初めてF-22を超音速で飛行した。

1998年末までには，低率初期生産（LRIP[*2]）の決定を可能にするほどの十分な信頼性が築かれていた。1998年11月23日に行われた183時間の飛行試験は比較的問題がなく，12月下旬に1億9,550万ドルでロット1の低率初期生産機を6機，事前調達する道が開けた。この低率初期生産機は連邦議会の予算を確保するために生産代表試験機Ⅱ（PRTVⅡ）と呼ばれるようになった。12月初旬にロッキード・マーチンはすでに2機の生産代表試験機で5億300万ドルを受けとっていた。

エドワーズで初期のテスト作業について，ポール・メッツは次のように語っている。

「私はエドワーズで3年過ごした。最初の航空機はエンジンと機体のテストだけで，飛行性能を探るための

＊2 量産段階に移行する前の少量生産を指す。要求性能を満たすか見極める意味もあり，問題があれば改修するなどしてコスト高になる場合が多いが，大量生産の完成度を高めることになる。

ラプター01は2000年に退役し，実弾射撃試験のためライトパターソンに移された。ユタ州のヒル空軍基地に配置されてからは戦闘損傷修復訓練に使用され，現在はGF-22A（地上設置型）となっている。（©ロッキード・マーチン）

ものであり，乗り物としての基本的な機能と構造的な完成度を見た。私たちはフラッター・テスト，高速でのマッハ効果，急角度攻撃，兵器ベイからミサイル分離で生じる気流を診断した」。

いくつかの高度なアルファ・テスト*について，メッツは次のように述べている。「シミュレーターであちこちの問題を発見し，飛行制御コンピュータの微調整から始まった。その後，飛行試験に移行した。今日ではパイロットが乗って何かおかしなことをしても，制御装置を中央にセットするだけでラプターは自力で回復する。

ラプターの機動性はその多くが推力偏向，特にピッチ・コントロールにより達成されている。それは異常な反応を受けるまで型にはまらない方法で操縦翼を使用する。たとえば水平尾翼は個別のユニットであり，左右対称にも非対称にも作動する。だから私はほとんどの時間を物事の操作に費やしたが，4004号機と4005号機では初期の電子機器の一部もテストした」。

この試験はまったく問題がなかったわけではない。4001/4002号機を努力によって軽量化したものの，この2機はより厳しい飛行領域の拡張作業に求められる構造強度を下回っていた。その後，この試験は4003号機がエドワーズに到着し，2000年3月に統合試験部隊が参加するまで延期された。

技術・製造開発機の納入が遅れたことで，この段階は脇に押しやられ，実際には開発試験作業が初期運用試験評価（DIOT&E）専用の段階と重なることが明らかになった。

技術・製造開発の1号機（4001号機）はハードな飛行を行い，2000年に退役した。これは4001号機と4002号機に細かいひび割れが見つかったことに起因するが，2機目はテスト飛行を続けた。

＊製品開発の初期段階で行う基本的な動作確認や性能評価

デビッド・ネルソン中佐は技術・製造開発段階で複合試験チームの一員として飛行した。（©ロッキード・マーチン）

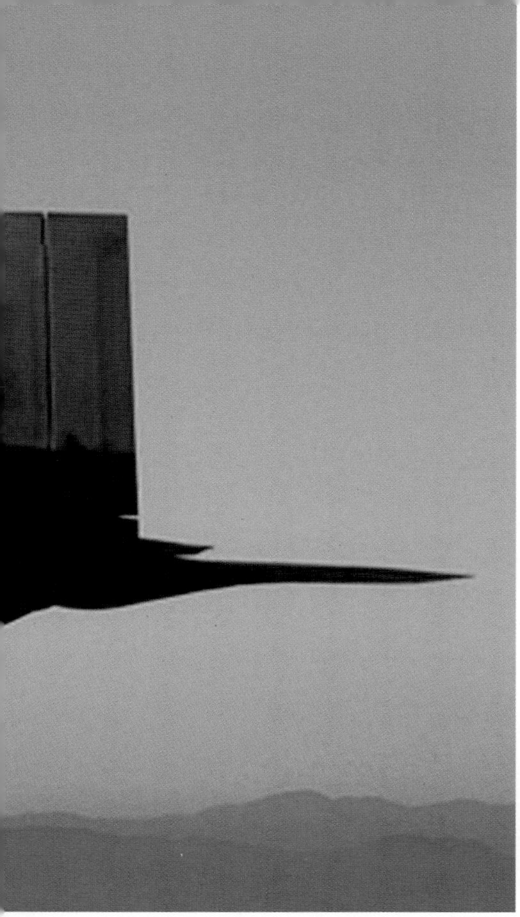

技術・製造開発ラプターが主翼下面の外部兵装支持架にAIM-120先進中距離空対空ミサイルを搭載している珍しいショット。（©ロッキード・マーチン）

技術・製造開発作業中に非活性化したAIM-120を積みこむエドワーズの整備員。機体の垂直安定板にあるF/A-22のタイトルに注目。（©アメリカ空軍）

前進

最終的にエドワーズのテスト作業で9機の技術・製造開発ラプターが採用されることになり，大規模な調達の節目につながった。テスト・ポイントを満たすことと，国防総省防衛取得委員会が低率初期生産機の初期バッチを認める決定を下すことに，集まったテスト・パイロット全員の目が注がれた。この計画ではブロック3.0ソフトウェアを使用して最初に先進中距離空対空ミサイルを発射し，4004，4005，4006号機を試験プログラムに参加させなければならなかった。

実際は2000年10月24日にAIM-120C先進中距離空対空ミサイルの初試射があり，2001年初頭には4006号機が飛行したが，結果的には2001年8月15日に10機の初期バッチが承認されて，低率初期生産機で進めることが決まった。

一方，生産代表試験機は形を成して，1号機が2002年10月12日に飛行した。これらの航空機は，当初2002年8月に開始される予定だった，専用の初期運用試験評価に使用される予定だったが，開始が2004年4月29日まで延期された。このとき，すでに1号機が最初にアメリカ空軍の飛行隊に納入されていた。フロリダ州ティンダル空軍基地を拠点とする第325戦闘航空団の一部である第43戦闘飛行隊は，2003年9月26日にF-22Aのシリアルナンバー01-4018/TYを受領した。

その背後で，開発テストの作業がエドワーズで続いていた。飛行中のシャットダウンを含む電子機器の問題が疑われたが，2005年12月27日に技術・製造開発段階は終了し，その頃すでに戦闘体勢が整った12機のF-22Aが納入されていた。

Lockheed Martin
F-22A Raptor

1 複合レドーム
2 ノースロップ・グラマン製AN/APG-77多重モード・レーダー・アンテナ
3 レーダー取付傾斜隔壁
4 ピトー管ヘッド
5 航空データ・センサー・システム受信機（4ヵ所）
6 レーダー機器ベイ
7 ミサイル発射検知窓
8 コックピット圧力隔壁
9 胴体前方のアルミニウム合金製側壁パネル
10 床下の電子機器ベイ
11 電子機器モジュール（下方に開ける）
12 電界発光フォーメーション・ライト
13 複合素材による背骨状の胴体外板
14 ラダー・ペダル
15 六つの多機能フルカラーLCDディスプレイ付計器コンソール
16 ヘッドアップディスプレイ（HUD）
17 跳ね上げ式コックピット・キャノピー
18 マクダネル・ダグラス製ACES II（改良型緊急脱出座席）
19 右側のコンソール・パネルはデジタル式フライ・バイ・ワイヤー航空管制システム
20 エンジン・スロットルのある左側コンソール・パネル
21 機外ハシゴ収納部
22 コックピット後部傾斜圧力隔壁
23 電源装置ベイ
24 バッテリー・ベイ
25 前輪ドア
26 離着陸用ライト
27 前方引込式前輪
28 トルク・リンク
29 左側エンジン吸気口
30 チタン製吸気口フレーム
31 抽気排出口
32 抽気引入扉とスポイラー・パネル
33 抽気扉の油圧式駆動装置
34 データリンク・サポート・アンテナ，マイクロ波着陸システム（MLS）・アンテナ，下部吸気口
35 空冷式フライト・クリティカル装置。吸気口の空気を境界層の誘導管から排出させて冷却する。
36 境界層の誘導分流排気口
37 機内酸素発生システム（OBOGS）
38 胴体内第1燃料タンク
39 キャノピーの蝶つがい部
40 キャノピー駆動装置（電動式）
41 右側エンジンの吸気口
42 余剰吸気と境界層の抽気排気口
43 側面電子機器ベイ
44 ミサイル発射検知窓
45 データリンク・アンテナ
46 空冷式燃料冷却排気口
47 機体前方の胴体接合部
48 複合吸気口
49 キャノピー緊急脱出制御装置
50 側面ミサイル・ベイ・ドア
51 ミサイル発射レール
52 発射レール支持アーム
53 油圧式レール駆動装置
54 環境制御システム機器ベイ
55 胴体縦方向の主構造物
56 腹部ミサイル・ベイ
57 Lバンド（極超短波の一つ）・アンテナ
58 胴体一体型第2燃料タンク
59 胴体のメイン・フレーム（代表的なもの）
60 空中給油口の照明
61 エンジンからシャフトで駆動する補助装置の変速機
62 吸気口過圧クサビ型ドア
63 全地球測位システム（GPS）・アンテナ
64 M61六連装軽量回転式カノン砲（弾数480発）
65 カノン砲の砲身
66 跳ね上げ式ドアの下にカノン砲の砲口
67 翼のつけ根に電子戦（EW）アンテナ
68 通信航法識別（CNI）UHFアンテナ
69 通信航法識別バンド2アンテナ

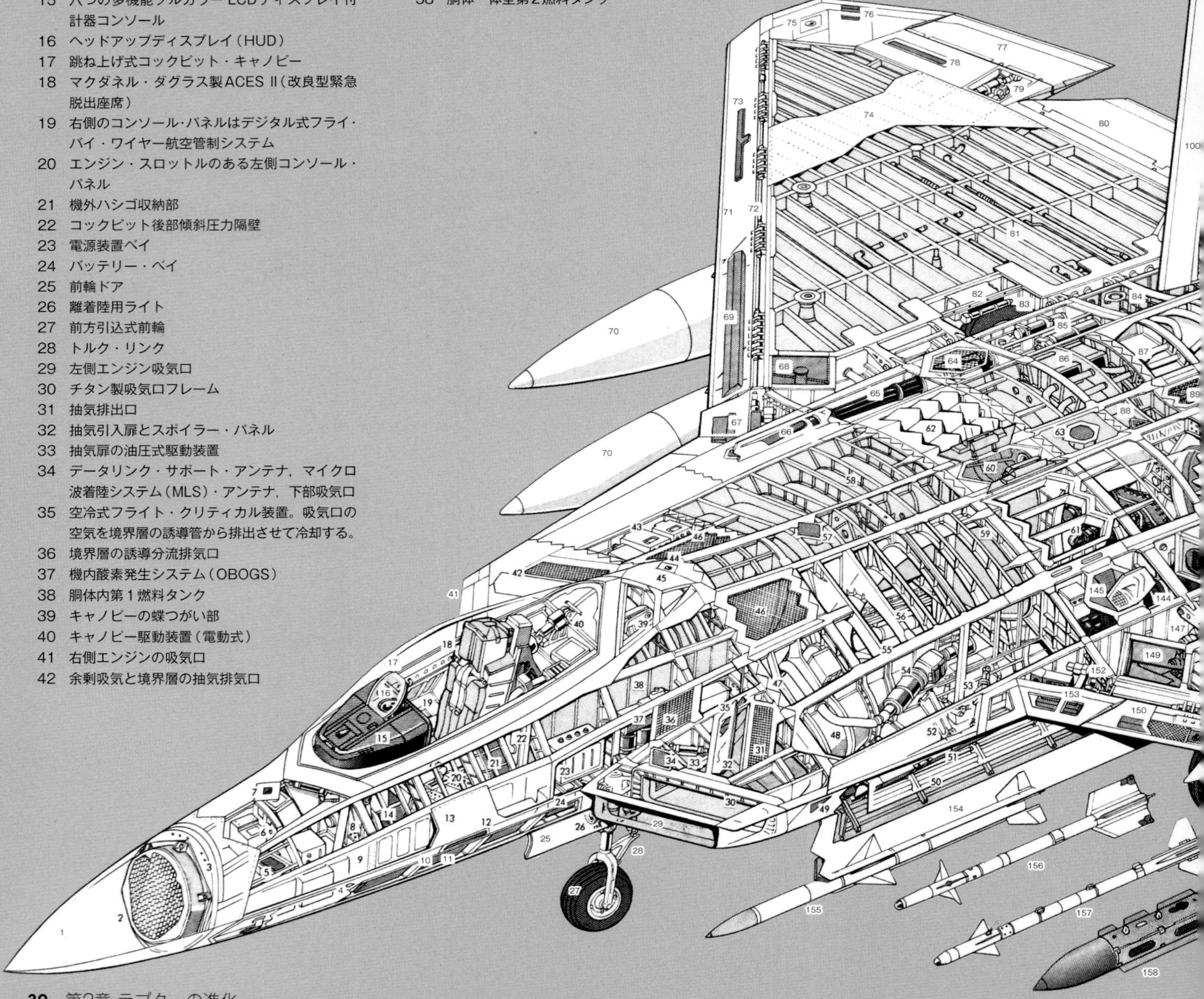

70 500ガロン（600USガロン＝2,271ℓ）外部燃料タンク
71 右翼前縁フラップ（下げ位置）
72 フラップ回転軸と駆動装置
73 計器着陸装置（ILS）のローカライザー（水平方向の誘導指示）・アンテナ
74 炭素繊維製複合材の翼表面パネル
75 右翼航法灯（上下）
76 翼端電子戦（EW）アンテナ
77 右補助翼
78 フォーメーション・ライト
79 油圧式エルロン駆動装置
80 右フラップ（下げ位置）
81 右翼一体型燃料タンク
82 動力系統インバーター（左右にあり）
83 右主輪（収納位置）
84 胴体一体型燃料タンク
85 油圧機器ベイ
86 燃料・空気・油の熱交換器
87 送油管
88 不活性ガス発生装置（OBIGS）付胴体一体型第3燃料タンク
89 エンジン抽気一次熱交換器
90 エンジン・コンプレッサー吸気口
91 左側貯油庫
92 油圧機
93 左側胴体一体型燃料タンク
94 プラット＆ホイットニー製 F119-PW-100アフターバーナー付ターボファン・エンジン
95 エンジン・ルーム・フレーム
96 中央部耐火性キール・ユニット
97 蓄力機（SES）。エンジンの再点火用
98 エンジン・ベイの耐熱被膜
99 垂直尾翼根元の取付部
100 複合材の垂直尾翼前縁外板
101 垂直尾翼の全複合素材多重柵構造
102 右翼の複合ラダー
103 右水平尾翼
104 “キャッツアイ”操縦舵接合部（全姿勢）
105 通信航法識別VHFアンテナ
106 油圧式ラダー駆動装置
107 ラダー下部フェアリング
108 エンジン・ノズル密封板
109 二次元鼓形推力偏向アフターバーナー・ノズル
110 通信航法識別バンド2アンテナ
111 緊急用アレスティング・フック収納庫
112 垂直尾翼前縁の通信航法識別VHFアンテナ
113 フォーメーション・ライト
114 左翼ラダー。エアブレーキは垂直尾翼の傾きで調整する。
115 水平尾翼回転軸
116 左翼の通信航法識別バンド2アンテナ（受信用）
117 左翼全動水平尾翼
118 尾翼の複合構造
119 ハニカム・コア付炭素繊維製外板パネル
120 複合材の水平尾翼桁
121 水平尾翼用油圧駆動装置
122 左翼フラップ
123 油圧式フラップ駆動装置
124 翼後部のチタン製桁
125 フラップの全複合材構造
126 エルロンの油圧駆動装置
127 フォーメーション・ライト
128 左翼エルロンの全複合材構造
129 電子戦バンド3アンテナ
130 左翼航空灯（上下）
131 左翼前縁フラップ
132 左翼の計器着陸装置ローカライザー・アンテナ
133 前縁フラップの複合構造
134 前縁フラップの回転軸と駆動装置
135 チタン製前部桁
136 パイロン取付部。主翼パイロンには，兵器を携行する場合は補助燃料タンクとAIM-120ミサイルを，攻撃専用の場合はAIM-120ミサイル2発を搭載する。
137 チタン製パイロン取付肋材
138 左翼一体型燃料タンク
139 主翼桁の多重構造
140 炭素繊維製複合材の正弦波状桁
141 主翼根部の取付金具
142 左翼主輪ベイ
143 補助動力装置排気口
144 アライドシグナル（現ハネウェル）製補助動力装置
145 補助動力装置吸気口
146 主着陸装置の脚旋回軸取付部
147 油圧式引込ジャッキ
148 主輪の脚部支柱
149 左翼の通信航法識別UHFアンテナ
150 左翼の通信航法識別バンド2アンテナ
151 左側主輪
152 前縁フラップ駆動モーター
153 左翼の電子戦バンド3，4アンテナ
154 腹部ミサイル・ベイ・ドア（開いた状態）
155 AIM-120 先進中距離空対空ミサイル（AMRAAM），メイン·ベイにAIM-120C 6基。
156 AIM-9Mサイドワインダー（サイド・ベイに搭載された近距離空対空ミサイル）
157 AIM-9X サイドワインダー
158 GBU-32 統合直接攻撃弾（JDAM）1,000ポンド（454キロ）級

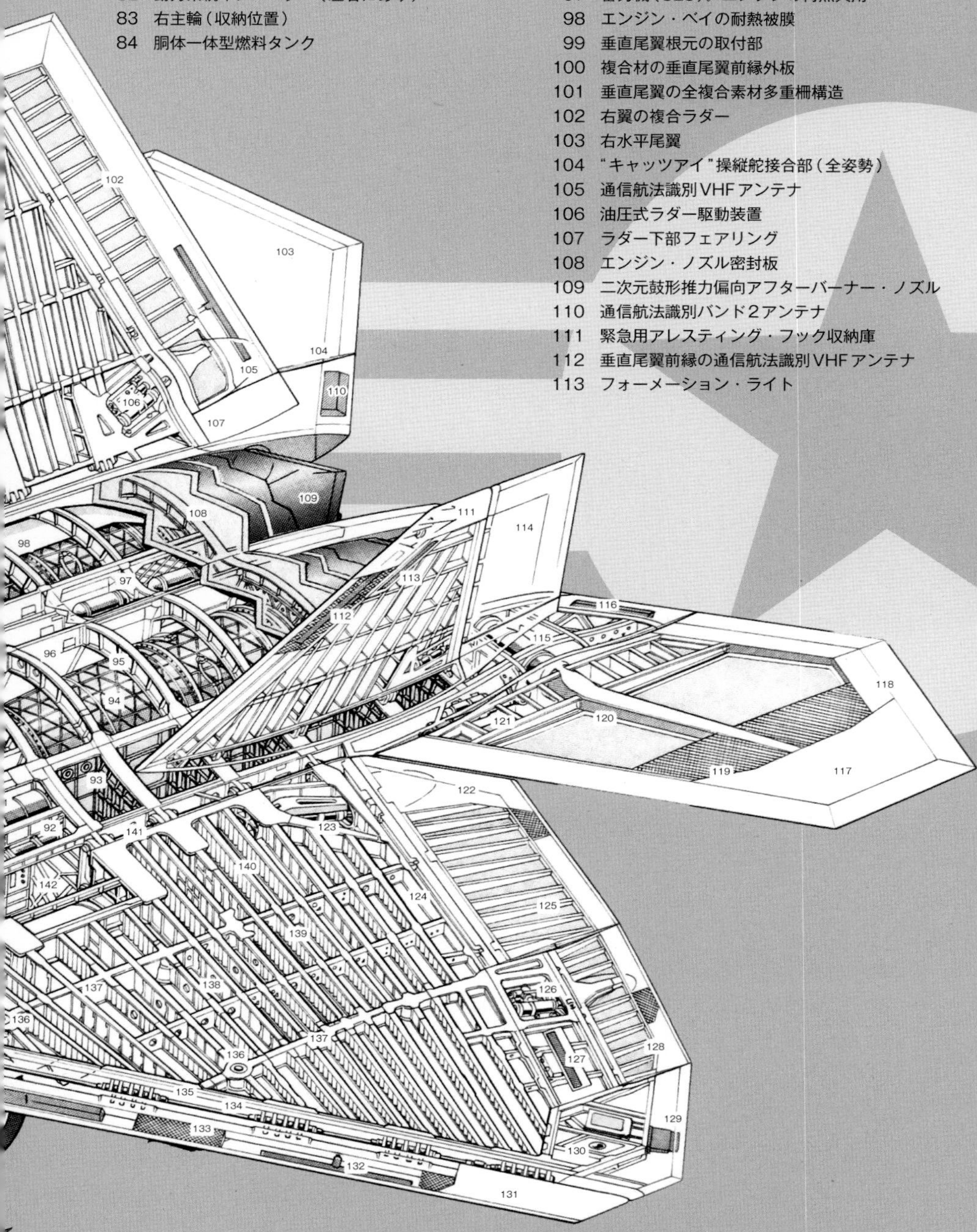

イラスト：マイク・バドロック

第3章
ラプター就役
運用試験へ

技術と製造開発の段階が完了すると，アメリカ空軍はすでに運用試験に入っており，F-22の可能性を実現するための精鋭部隊が設立された。

就役を開始したF-22の未来像は，先進戦術戦闘機計画における元の構想とは大きく異なっていた。当初の目標は約750機だったラプターは195機にまで減少し，アメリカ空軍の運用在庫は187機にとどまった。1997年5月の国防計画見直し報告書では，339機（8機の生産代表試験機を含む）まで調達を削減していたが，2004年12月に国防総省が総調達を180機に削減する方向に動く前に，さらに224機まで削減されていた。アメリカ空軍は増機を求めて奮闘したが，最終的には頑ななロバート・ゲイツ国防長官が2009年4月6日に生産中止を発表した。

皮肉なことに，F-22の真の潜在能力が認知されるようになったのは，のちのことだった。フロリダ州ティンダル空軍基地で第43戦闘飛行隊の飛行訓練が2003年に開始され，ラングレー空軍基地では第27戦闘飛行隊が2005年12月15日に初期運用能力を達成した。そのわずか2年後の2007年12月12日，第1戦闘航空団は戦闘準備が整ったと宣言し，本格的な運用が開始された。

それはF-22のコミュニティにとってほろ苦い時期だった。この航空機は間違いなく資金調達でF-35計画に遅れをとったが，それは否定的なニュースの見出しの犠牲だった。皮肉にも，国防総省はその資金のほとんどを比較的小さな航空機のために浪費したのだ。

さらに，誰もがこの航空機の能力を十分に理解し始めた。技術・製造開発段階はエドワーズ空軍基地で秘密裏に行われていた。ラプターが就役し，その翼を広げ始めると，生産を中止したのは大きな間違いだったとわかったのである。

F-22ラプターは，アメリカ空軍が制空権を維持するために誕生した。その背景には，F-15Cイーグルが時代遅れになると懸念されていたという事情もある。（©ジェイミー・ハンター）

初期運用試験評価に選ばれた8人のパイロットは，粒よりで全員が兵器学校の卒業生だった。（©ジェイミー・ハンター）

F-22の“オフィス”。ラプターのコックピットは使いやすく，さまざまなセンサーからの情報を直感的に組み合わせせることができるように設計されている。（©ロッキード・マーチン）

最初にラングレー・ユースティス統合基地に到着したラプターの側面兵器ベイを点検する第27戦闘飛行隊の整備員。(©アメリカ空軍/V・レヴィ・コリンズ2等軍曹)

潜在能力に気づく

F-22の重要な初期運用試験評価のために,選りすぐりのパイロット・チームが集められた。パイロットたちは2003年に飛行を開始したが,なかには開発試験ではなく運用試験の経験者もいた。さらに,兵器学校を卒業したばかりの新入りも飛行隊を代表してチームに加わった。

現在,エルメンドルフ・リチャードソン統合基地の第3航空団司令官であるクリス・“モト”・ニエミ大佐は,初期運用試験評価に抜擢された最初のラプター・パイロットの一人である。「F-22の初期運用試験評価プログラムに参加したことは,私の24年のキャリアでハイライトだったかもしれない」と彼は本書に語った。「私は8人のパイロットのうちの一人で,バンガー・ニュートンと私は作戦飛行の経験が5年ほどの最も若いパイロットだった。全員が兵器学校の卒業生だった。私の記憶では,このプログラムにかかわる皆が自分の体重とそれ以上のものを引きずっており,早くペダルを踏まないととり残されてしまう!と思っていた」。

航空戦闘軍団(ACC)の司令官が議長を務める公式委員会が,ラプ

エルメンドルフで非活性化したAIM-120 先進中距離空対空ミサイルをF-22に搭載する整備員。(©アメリカ空軍/アムン・タイ・リコ・レア)

AIM-120を主兵器ベイに誘導する第525航空整備部隊兵器飛行のジョン・グライムス上等空兵。（©アメリカ空軍／ダナ・ロッソ1等軍曹）

ターの初期評価のための8人のパイロットをリストアップした。全員が兵器学校の卒業生であり，ほとんどがF-15Cのパイロットだったが，F-16のパイロットとF-15Eのパイロットが一名ずついた（後者はニエミ大佐）。

「テスト・パイロットではない私たちが初めて乗ったので，F-22の資格を得るための正式な訓練プログラムはなかった」とニエミ大佐は説明する。

「航空機のシステムを学ぶためにシアトルのボーイングが開発したコースを批判的に再検討した。シミュレーターの訓練は合計2時間ほどだったと思う。フォートワースでは，油圧アクチュエーター（変換器）や発電機などのハードウェアをテストするために設計された“アイアンバード（鉄の鳥）”シミュレーターを操縦した。最初の実地テスト飛行はテスト・パイロットが担当し，戦術的な改良はお互いに監督しながら行った。

ある朝，F-15Dの後部座席で基本的な戦闘機の操縦法（BFM）の戦いに参加して，チャールズ・“コーキー”・コーコラン准将（現在の階級）の成績表を書いたことを覚えている。午後にはコックピットを交換し，私がF-22を操縦する番になったときに，彼が私の成績表を書いた。確かに異例ではあるが，ダイナミックな戦術環境でF-22を操縦した最初のパイロットだから，ほかに選択肢はなかった。誰もが開発段階のテスト・プロファイルを超えてF-22を飛ばしたことはなかった！」。

ニエミ大佐たちパイロットは空軍飛行試験センターの第6分遣隊の下で活動していた。彼らは戦術を開発していたわけではない。それはネリスの第422試験評価飛行隊（TES）の運

ラプターの損失

最初にF-22が失われたのは，2004年12月20日にネリスから離陸した第422試験評価飛行隊機（シリアルナンバー00-4014）が墜落したときだった。このとき，パイロットのロバート・“シャーク”・ガーランド少佐は無事に脱出している。2度目は2009年3月25日，技術・製造開発機ラプター08（シリアルナンバー91-4008）の墜落事故で，ロッキード・マーチンのテスト・パイロットであるデビッド・P・“クールス”・クーリーは，過度のGにより意識を失って死亡した。

当初，ラプターはアメリカ空軍に何事もなく導入されたが，その後いくつかの問題が発生した。飛行制御システムや酸素発生システムの問題がクローズアップされたが，現在は改善されている。2010年11月16日，第525戦闘飛行隊のF-22A（シリアルナンバー06-4125）がアラスカのエルメンドルフ・リチャードソン統合基地の北東120海里（222km）に墜落し，ジェフリー・“ボング”・ヘイニー少佐が亡くなるという悲劇が起こったが，アメリカ空軍は2011年7月21日，ヘイニーが地上攻撃を想定した演習で引き起こしに間に合わなかったことから，墜落はパイロットのミスによるものだと発表した。これに対して未亡人はF-22の製造会社（ロッキード・マーチン，ボーイング，ハネウェル・インターナショナル，プラット・アンド・ホイットニー）を相手どって，“不合理な欠陥機”を提供したとして訴訟を起こした。実際，14人ほどのパイロットが酸素不足の問題や低酸素症のような症状を報告していたらしく，それが原因で以前に何度か短期間の飛行禁止につながった。これらのパイロットやほかのF-22パイロットのなかには，問題が見つかり修正されるまでF-22の飛行を拒否する者もいた。2011年5月3日には，搭載型酸素発生装置（OBOGS）の改修が完了するまで，稼働中のラプター全機が飛行禁止になった。このときは2011年9月21日に飛行禁止が解除されている。

アメリカ空軍は航空機の生命維持装置と関連する搭載型酸素発生装置の公式調査を終え，根本的な原因として汚染の可能性を除外した。アメリカ空軍は生命維持装置に起因するインピーダンス（電圧と電流の比）制限が生理的事故の大きな要因であると結論づけ，問題解決のための措置を進めている。この措置には航空機乗組員用C21Aフィルター・パックの除去，航空機乗組員用上部圧力服の改良版試験などが含まれる。さらにアメリカ空軍は環境制御システムの停止，急激な減圧，搭載されている酸素発生装置の故障などの際に備えて，バックアップの緊急用酸素システムを設置した。

2013年4月4日，アメリカ空軍は部隊中のF-22ラプターの改造を完了し，通常の飛行を再開した。

ラプターにとって4度目の喪失は，2012年11月15日，通常訓練中のF-22A（シリアルナンバー00-4013）がフロリダ州ティンダル空軍基地の南東約5マイル（8km）の地点に墜落し，パイロットは無事に脱出したが軽傷を負った。

2012年11月15日，フロリダ州のティンダル空軍基地付近に墜落したF-22A（00-4013）の残骸。（©アメリカ空軍/リサ・ノーマン）

クリス・ニエミ大佐はF-22の運用適性を最初に評価したパイロットの一人だ。（©ジェイミー・ハンター）

2005年，ネリス基地にて第422回試験評価飛行隊のF-22Aパイロット。（©ジェイミー・ハンター）

用試験チームに託されていた。第6分遣隊はエドワーズで技術・製造開発機と初期の生産代表試験機の両方を飛ばして，ラプターの運用環境での性能を早期に確認し，大量生産の決定を可能にした。

「初期の戦術マニュアルはあったが，あまり役に立たなかった」とニエミ大佐は言う。「それは，F-22を操縦したことのないスタッフが書いたものだった。私たちはネリス試験訓練場（NTTR）で最高の脅威再現ツールを利用し，試行錯誤しながら主に戦術を開発した。私たちは金曜日の夜にエドワーズの士官クラブの

F119エンジンを搭載した第422試験評価飛行隊F-22Aがギアを収納し，ネリスを出発する。（©ジェイミー・ハンター）

初期運用試験評価で，パイロットはネリス試験訓練場で提供されるあらゆる脅威に触れることができた。（©ジェイミー・ハンター）

急上昇する第422回試験評価飛行隊のF-22。
（©ジェイミー・ハンター）

「F-22初期運用試験評価計画への参加は，私の24年間のキャリアでハイライトだったかもしれない。」クリス・ニエミ大佐

バーに集まり，何がうまくいったか，何がうまくいくかを議論し，翌週には野外の環境で新しいアイデアを試してみた。実験の自由度はかなり高かった。私が思うに，当時の空軍上級幹部はF-22を戦闘シナリオに最適化するためにはわからないことが多いと理解していた。私たちのアイデアのなかに

は間違っていたものもあるが，F-22のコミュニティに現在も使われている戦術の基礎となったものもある。それらが時間の経過を乗り越えたことを誇りに思う」。

就役

初期運用試験評価はほぼ成功し，ラプターの採用方法に大きな影響を与えたことは理解しているが，いくつかの懸念事項も出てきた。これを受けて2005年末にネリス空軍基地

初期運用試験評価段階には含まれていないが，現在は非活性化している第65アグレッサー飛行隊（F-15C/Dで飛行）は，その後F-22の戦術を開発した第422試験評価飛行隊の支援に大きくかかわった。（©ジェイミー・ハンター）

ラプター部隊（アメリカ空軍）

飛行隊	基地	航空機	航空団／群	司令部	テールコード（機体記号）
第19戦闘飛行隊[*1]	ハワイ州パールハーバー・ヒッカム統合基地	F-22A	第15航空団／第15作戦群	太平洋空軍	HH
第27戦闘飛行隊	ヴァージニア州ラングレー・ユースティス統合基地	F-22A	第1戦闘航空団／第1作戦群	航空戦闘軍団	FF
第31試験評価飛行隊[*2]	カリフォルニア州エドワーズ空軍基地	F-22A	第53航空団／第53試験評価群	航空戦闘軍団	ED
第43戦闘飛行隊（戦闘訓練部隊）	フロリダ州ティンダル空軍基地	F-22A	第325戦闘航空団／第325作戦群	航空戦闘軍団	TY
第90戦闘飛行隊	アラスカ州エルメンドルフ・リチャードソン統合基地	F-22A	第3航空軍／第3作戦群	太平洋空軍	AK
第95戦闘飛行隊	フロリダ州ティンダル空軍基地	F-22A	第325戦闘航空団／第325作戦群	航空戦闘軍団	TY
第94戦闘飛行隊	ヴァージニア州ラングレー・ユースティス統合基地	F-22A	第1戦闘航空団／第1作戦群	航空戦闘軍団	FF
第411試験飛行隊	カリフォルニア州エドワーズ空軍基地	F-22A	第412試験航空団／第412作戦群	アメリカ空軍資材コマンド	ED
第422試験評価飛行隊	ネヴァダ州ネリス空軍基地	F-22A	第53航空団／第53試験評価群	航空戦闘軍団	OT
第433兵器飛行隊[*2]	ネヴァダ州ネリス空軍基地	F-22A	第57航空団／アメリカ空軍兵器学校	航空戦闘軍団	WA
第525戦闘飛行隊	アラスカ州エルメンドルフ・リチャードソン統合基地	F-22A	第3航空団／第3作戦群	太平洋空軍	AK
空軍州兵					
第149戦闘飛行隊[*3]	ヴァージニア州ラングレー・ユースティス統合基地	F-22A	第192戦闘航空団／第192作戦群	航空戦闘軍団	FF
第199戦闘飛行隊	ハワイ州パールハーバー・ヒッカム統合基地	F-22A	第154航空団／第154作戦群	太平洋空軍	HH
空軍予備役軍団[*3]					
第301戦闘飛行隊	フロリダ州ティンダル空軍基地	F-22A	第301戦闘航空団／第44戦闘群	航空戦闘軍団	TY
第302戦闘飛行隊	アラスカ州エルメンドルフ・リチャードソン統合基地	F-22A	第477戦闘群	太平洋空軍	AK
第706戦闘飛行隊	ネヴァダ州ネリス空軍基地	F-22A	第926航空団／第926作戦群	航空戦闘軍団	WA

＊1　部隊幹部は同じヒッカム飛行場の空軍州兵第199戦闘飛行隊が行う任務の75％を受けもっている。
＊2　同部隊が所属する基地の航空団に配備されたラプターを使用している。
＊3　いずれの飛行隊も所属する航空団に配備されたラプターを使用している。

ネリス空軍基地の滑走路21に向けて最終着陸態勢に入る第422試験評価飛行隊“グリーン・バット”のF-22。（©ジェイミー・ハンター）

マリエッタで行われた第1戦闘航空団のラプター運用開始の際に挨拶するフランク・ゴレンク大佐。ゴレンク大佐は当時，航空団の司令官だった。（©ロッキード・マーチン）

2005年5月12日，第27戦闘飛行隊の指揮官ジェームズ・ヘッカー中佐がラングレーにF-22Aラプターの初運用機を納入した。（©アメリカ空軍/ベン・ブロッカー1等軍曹）

で行われた後続試験評価（FOT&E）では，さらなる運用試験が行われた。

それは初期運用能力の達成を宣言するのに先立ち，永続的な懸念を払拭するために義務づけられたものだった。この頃，ラプターはまだエドワーズで飛んでおり，第422試験評価飛行隊はネリスで飛行し，ラプターの全飛行隊はパイロットと整備員の訓練のためにティンダルを拠点にしていた。さらにラングレーでは第1戦闘航空団が立ち上がっていた。実際，第27戦闘飛行隊は2005年9月28日に50機目のラプター（シリアルナンバー03-4051）を受領していた。

2005年8月29日に開始された後続試験評価では，ラプターのあらゆる兵器を使用した汎用任務のシナリオが多数含まれていた。それは成功したと判断され，12月15日に第27戦闘飛行隊が初期運用能力を宣言した。アメリカ空軍はいち早くラプターを各地に送り出した。第27戦闘飛行隊は，2006年5月にアラスカ州エルメンドルフ空軍基地で行われた“ノーザン・エッジ（北端）”演習に12機を送り込み，2006年3月に受け入れを開始した姉妹部隊の第94戦闘飛行隊“ハット・イン・ザ・リング”にも全機が装備され，2007年12月12日に第1戦闘航空団の完全作戦能力（FOC）が宣言された。

第90戦闘飛行隊は2007年8月，F-22が第3航空団の下，アラスカに翼を広げたのに伴い，ラプターの受け入れを開始した。第525戦闘飛行隊もまた，2007年9月に再活性化され，10月29日にエルメンドルフで立ち上がった際にこれに続いた。2007年11月，北アメリカ航空宇宙防空司令部（NORAD）はロシアのツポレフTu-95MS“ベアー -H”爆撃機2機の迎撃に初めて第90戦闘飛行隊のF-22を使用した。

2007年初頭，F-117Aナイトホークが突然に退役したのは，ニューメキシコ州ホロマン空軍基地の第49戦闘航空団にとって痛手だった。しかし，ナイトホーク退役の理由は，ニューメキシコの空軍基地にF-22の到着が差し迫っていたことにある。“HO”のテールコード（垂直尾翼の機体記号）をもつ最初のF-22ペアは，2008年6月に到着し，第7戦闘飛行隊“スクリーミン・デーモンズ（金切り声を上げる悪魔）”に加わり，ホロマンで活動する二つのF-22飛行隊のうち，最初の飛行隊となった。この飛行隊はエルメンドルフから移された18機のF-22を装備していた。

第8戦闘飛行隊“ブラック・シープ（黒い羊）”は，すぐにホロマンで2番目のラプター部隊となり，18機の恒久的にあてがわれた軍事資産（PAA）を得たが，わずか2年後にはラプター部隊の統合計画の一環として，同飛行隊の非活性化が発表された。ホロマンにあったラプターの再分配が始まり，“ブラック・シープ”は最後の機体を手放し，2011年7月15日に活動を停止した。法的な議論ののち，“スクリーミン・デーモンズ”の機体は先例にしたがって，2014年4月にティンダルで再活性化された第95戦闘飛行隊“ボーンヘッズ（まぬけ）”に再配属された。

F-22は航空戦闘軍団の主要な航空団はもちろん，空軍州兵と空軍予備役軍団でも活動していており，パールハーバーのヒッカム統合基地には，空軍州兵が指揮する唯一のF-22部隊がある。最初のラプター20機が2010年7月に到着し，現在はハワイ空軍州兵の第154航空団・第199戦闘飛行隊のパイロットと，第15航空団・第19戦闘飛行隊の現役空軍パイロットで運用している。「F-22の到着は，すでに密接な関係にあるハワイの州兵と現役部隊にとって新たな章の始まりである。私たちは2006年以来，第15航空団と組んでC-17輸送機の飛行と整備を行ってきたが，F-22の場合は現役の空軍と協力して州兵の軍事資産となる」とハワイ州兵の副官ロバート・G・F・リー少将は言う。

最後のF-22A（シリアルナンバー10-4195）は，2011年12月13日にマリエッタで公開され，2012年3月14日に初飛行が行われた。この機体は塗装後，2012年5月5日に10-4193号機と一緒にアラスカ州エルメンドルフ・リチャードソン統合基地の第3航空団に引き渡され，ラプターの納入が完了した。

現在，F-22Aの対空兵装はAIM-120Cレーダー誘導ミサイル，AIM-9M赤外線誘導ミサイル，M61A1 20mm機関砲である。その精密攻撃能力は1,000ポンドGBU-32統合直接攻撃弾（JDAM）と250ポンドGBU-39小径爆弾（SDB）インクリメント（増加）1で構成されている。

ラプターは空対空任務に関する限りは賞賛に値するが，特に航続距離の短さや整備の必要性の高さなど，いくつか顕著な欠点がある。後者に関して空軍は整備方法を成熟させ，

ラプター豆知識

アメリカ空軍に初導入	2003年9月26日
初期運用能力（IOC）	2005年12月15日
完全運用能力（FOC）	2007年12月12日
導入完了	2012年5月5日
総生産数	195機
兵装	AIM-9M/Xサイドワインダー AIM-120先進中距離空対空ミサイル GBU-32統合直接攻撃弾 GBU-39小径爆弾 M61バルカン砲

ジェームズ・ヘッカー中佐は，F-22の最初の運用部隊（第27戦闘飛行隊）の指揮官に選ばれた。（©アメリカ空軍/サミュエル・ロジャース1等軍曹）

ラングレーでは第1戦闘航空団のF-15C（手前）がF-22に換装された。（©アメリカ空軍/ベン・ブロッカー1唐軍曹）

配備構想を変更した。

戦闘活動を維持するために必要な整備の人材，機器，軍需品の増加に基づき，F-22A一個飛行隊を展開するためにC-17輸送機が8機必要であるが，ラプターの迅速な展開構想の登場により，この基準は修正され始めている。

ラプターの使用

アメリカ空軍がラプターを四つの主要な作戦航空団に集約したことで，コミュニティはすばらしく調子づいた。だが皮肉なことに，ラプターは高い需要を賄えなくなった。必要な数が足りないのである。

エルメンドルフの第3航空団司令官としてクリス・ニエミ大佐は言う。「現在，多くの人がF-22を187機ほど生産したのは間違いだったのではないかと考えている。私たちは計画全体の資金のうち約半分を研究開発段階で費やした。そしてF-22の生産を中止したのは，初期の固定投資が回収され生産コストが妥当になった頃だった。とはいえ，その判断は今日ではとっくに終わったことだし，いまはF-35の生産を考えると，生産再開はおそらく費用対効果が低いだろう。初期運用試験評価では，アメリカ空軍が今後数年間で，すべての第5世代戦闘機に移行させることが構想されており，当初はF-22をF-15やそのほかの第4世代戦闘機と統合する計画はなかった。そのため，第4世代との統合は初期運用試験評価に含まれていなかった。しかし，初期運用試験評価の終

F-22生産リスト（記述のあるもの以外はすべて現役）

シリアルナンバー	現状	同一生産単位
91-4001	GF-22（地上設置），ヒル空軍基地	技術・製造開発（EMD）
91-4002	GF-22（地上設置），ティンダル空軍基地	
91-4003	オハイオ州デイトン，国立アメリカ空軍博物館で展示	
91-4004	使用中止	
91-4005	GF-22（地上設置），ラングレー空軍基地	
91-4006		
91-4007		
91-4008	2009年3月25日の事故により除籍	
91-4009		
99-4010		生産代表試験（PRTV）
99-4011		
00-4012		
00-4013	2012年11月15日の事故により除籍	
00-4014	2004年12月20日の事故により除籍	
00-4015		
00-4016		
00-4017		
01-4018		低率初期生産（LRIP）ブロック1
01-4019		
01-4020		
01-4021		
01-4022		
01-4023		
01-4024		
01-4025		
01-4026		
01-4027		
02-4028~02-4040		
03-4041~03-4061		
04-4062~04-4083		
05-4084~05-4107		
06-4108~06-4130	06-4125号機，2010年11月16日の事故により除籍	
07-4131~07-4151		
08-4152~08-4171		
09-4172~09-4191		
10-4192~10-4195		

了後，F-22は第4世代戦闘機とともに飛行することが明らかになり，統合戦術の開発に着手した（その作業は大半がF-22の運用部隊で行われた。まずラングレー，次にエルメンドルフ，そしてホロマン）。これらの戦闘機と統合することで，大規模に戦力を投入する筋書きに大きなメリットがあることがわかった。第4世代戦闘機の搭載能力を追加し，私たちは探知されないままでいるのが容易になった」。

ニエミ大佐はF-35Aにも搭乗したことがあるという珍しい立場にある。彼はこう言う。「F-22とは異なり，F-35は初期運用能力の前にF-22や第4世代の戦闘機とすでに統合していた。F-35とF-22は現存するどの戦闘機よりも似ているので，F-35は十数年にわたってF-22を運用してきた経験の多くを活用できた。そのおかげで，F-35のコミュニティは初期の頃のF-22よりも，はるかに迅速に前進できた」。

現在の役割についてニエミ大佐はこう語る。「2002年からF-22計画にか

最終生産機のF-22A（10-4195）は，2011年12月13日にマリエッタで公開された。その後，2012年5月5日にアラスカ州エルメンドルフ・リチャードソン統合基地の第3航空団に引き渡された。（©ロッキード・マーチン）

第8戦闘飛行隊“ブラック・シープ”は，短期間だけF-22を運用した。写真は，その1機がGBU-32を投下する様子。（©アメリカ空軍）

ハワイ上空を飛行するヒッカム基地のラプター2機。空軍州兵は現役部隊の支援を受けながら，ここ太平洋地域でF-22を運用している。（©ロッキード・マーチン/リズ・ルッツ）

エルメンドルフ・リチャードソン統合基地付近を飛行する第3航空団のF-22A。（©空軍州兵／エドワード・イガートン2等軍曹）

かわったことは第3航空団の司令官として大きな強みとなっている。計画の歴史を知っており，現在も取り組んでいるF-22の大きな問題を直感的に理解できた。そのおかげで，F-22の更新ロードマップのような計画上の議論で，より積極的な役割を果たせている。また，計画がどのように成熟したかを見られて非常に満足だ。たとえば，私が最後にF-22を操縦した2011年には，合成開口レーダー画像*やAIM-9Xなど，現在は実用化されている機能についてしか話していなかった」。

*synthetic aperture radar。レーダーの分解能を向上させるシステムで，航空機や人工衛星に搭載し，移動しながら送受信したレーダー波を合成して仮想的に巨大なレーダー面（開口）として機能させる。

外部投下式燃料タンクを搭載した第3航空団のラプター。これは通常，巡航飛行のためのもので，外装物はステルス性というラプターの特徴を損なう。（©空軍州兵／エドワード・イガートン2等軍曹）

第4章

ラプターの学び舎

部隊レポート 第43戦闘飛行隊

F-22ラプターの新人パイロットはティンダル空軍基地の第43戦闘飛行隊で育成され，アメリカ空軍の制空権の未来が委ねられている。

アメリカ空軍にとって将来の制空権はF-22のコミュニティにかかっているのは確実だ。しかし，アメリカ空軍は第6世代戦闘機や，いわゆる侵入対航空（PCA）計画に目を向けている。

パイロットの不足と運用の迅速化のなかで，現在のラプター部隊を最大限に活用することが，アメリカ空軍にとってますます重要になっている。定期的な配備と移動時間の長さはパイロットの必要性を高めている。ラプターのように高価な機種では，必要なレベルのパイロットを維持し，厳しい予算を守るには，慎重にバランスをとる必要がある。

この基本コース（B＝ベーシック）を支えるフロリダ州ティンダル空軍基地の第43戦闘飛行隊は，ラプターの正式な訓練部隊（FTU）であり，航空教育訓練司令部（AETC）に属している。この飛行隊では年に2回，通常14名の学生が参加するBコースを実施している。また，ほかのミッション・デザイン・シリーズ（MDS*）のパイロットを年間4～8人，相互教育する責任も負っている。そして，ラプターに復帰した新任の航空団司令官のような指導者の追認定も行っている。

F-35Aと同様に，初期のF-22パイロットは“移行”組であり，ラプターの初期幹部の種をまくために既存の戦闘機コミュニティからやってきた。現在は一連の訓練から直に出てくる第1世代が中心で，若いパイロットがF-22に参加できるようになっており，空軍は彼らの訓練の価値を最大限に引き出せる。

ラプターの教官パイロット（IP）であり，元F-15Cパイロットとして第43戦闘飛行隊に所属していた“バーン”少佐は語る。「最初にラプターの学部課程パイロット訓練（UPT）から必要な人数の2倍を選抜し，戦闘機の基礎知識（IFF）の段階まで競争させた。その後，（IFFを修了した）半数を選抜することになった。当初，アメリカ空軍は，戦闘機の基礎知識コースから選抜された者をさらにテストするために，アリゾナ州ルーク空軍基地で基礎教育コースを実施していた」。

＊M（現状・任務・機体種別），D（設計番号），S（シリーズ）からなるアメリカ軍のロケット・ミサイル・航空機の命名規則。機種や任務の種別にも記号を当てがわれる。

フロリダ州ティンダル空軍基地近くを飛行する第43戦闘飛行隊のF-22。（©アメリカ空軍／マイケル・アモンズ曹長）

新入生は最初にラプターに乗り，すべての手順を踏んで地上走行するが，タキシングはしない。（©アメリカ空軍/セルジオ・A・ガンボア空兵長）

ティンダルのF-22訓練シミュレーターは，コックピットの整備や新人パイロットの脱出方法などを整備員に教えるために使用されている。（©アメリカ空軍）

第43戦闘飛行隊では年に2回の基本コースを実施し，約14名のラプター・パイロットを新たに生み出している。（©アメリカ空軍）

ラプターの学生がティンダルでタキシング前の最終チェックを行う。（©アメリカ空軍）

表向きでは，ルーク基地ではラプターのパイロット候補は常備しているF-16で飛行し，9Gを引き出し，空中給油と夜間飛行が可能だと証明していた。それが終わったのは約3年前だ。

現在，飛行訓練を終えた新人パイロットは，戦闘機の基礎知識の段階に入る前に，学部課程パイロット訓練で，彼らのコミュニティにそれぞれ分けられている。「今では，パイロット訓練から直接選抜されるようになった。戦闘機の基礎知識の段階に来た時点で，F-22に乗ることが決まっている」とバーン少佐は言う。そのため，戦闘機の基礎知識の段階に姿を現せば，すでにF-22に行くとがわかっている。トップの連中は自分の好きなものを選べる。空軍はなおいっそう，ラプターに関しては最も優秀な人材を求めている。

「F-22のコミュニティは一から育てられた。パイロット訓練を受けたばかりの者が3年間F-22に乗るとしたら，ほかの機体と比べてF-22を選ぶだろう。この方針変更により，第43戦闘飛行隊では教官を何人か増やす結果になった。今は彼らが初めて空中給油するときには，一人でラプターに乗っている」とバーン少佐はつけ加えた。

ラプターへ

ティンダルではシミュレーターの精度が高いため，ラプターの新人パイロットは，バーン少佐が言うように，人工的な世界から現実の飛行へと“かなり容易に移行”できる。

「私たちにはアカデミックな世界からシミュレーターへ，そして飛行隊に入って一連の地上作業を行うという優れた構成要素のプロセスがあり，それを“エンジン・ラン（エンジンを動かす）”と呼んでいる。基本的には実際に滑走しない出撃だ。彼らは飛び乗ってシートベルトを締め，エンジンをかけてチェックリストを確認し，シャットダウンまでの手順を実行する」。

最新の高速ジェット機のパイロットを養成するには，明らかにシミュレーターが大きな役割を果たしている。飛行時間は貴重であり，コストや整備，もちろん各航空機の耐用年数もかかわってくる。しかしバーン少佐によれば，飛行隊は飛行時間に焦点を当てすぎず，訓練を達成するのがすべてだ。「どのコミュニティでも飛行時間は気になる。それが航空業務の本質なのだ」とバーン少佐は言う。

「私たちの生徒は計38回の飛行を行う。実際にはもっと飛ぶこともある。それで彼らは38回を目標にしている。そのうち3回は“トランジション（移行）”と呼び，基本的な操作と航法を行う。その後，練習用の実地テストの飛行を行い，次に航空機の基本的な性能を十分に発揮できるようにするための，実地テストの飛行を行う。つまり，5回の飛行になる。その飛行のうち13％は戦闘への往復に特化し，その後は戦術的に航空機を使いこなせるようになるのがすべてだ」とバーン少佐は述べる。

学生パイロットが徹底的に身につけるのはラプターでの“戦い方”だが，“管理”が軽視されることはないない。任務のたびにパイロットは空域まで飛んで帰ってこなければならないので，“管理”はコースを通じて継続されるが，それは目の前の任務に集中するよりも，むしろ自然にできるようになる。

空対空任務がF-22のコースの焦点となっているのは明らかで，このスーパー戦闘機の航続距離と接近戦の実力を疑う者はほとんどいない。興味深いのはラプター・コミュニティが本気で接近戦に取り組んでいることだ。バーン少佐は続ける。「最終的には，目視できる距離で相手を見つけ次第，行動しなければならないのがわかっている。そのため，有効な戦術に熟達しておかなければならない。コース全体で基本的な戦闘機の操縦法（BFM）の出撃は9回だが，これは約24％に当る。生き残るための防御的なものが3回，相手を倒すことを目的とした攻撃的なものが3回，そしてどっちつかずの組みあいから始めて，一撃必殺を狙う急角度の基本的な戦闘機の操縦法が3回ある」。

また，この飛行隊はその立地条件を生かして，学生に戦闘機の統合という側面を早くから見せている。ジョージア州で毎年行われる“セントリー・サバンナ”演習では，ラプターの学生が地元基地のF-15やF-16と大規模な演習シナリオで協力する理想的な機会を得ている。

空対地

F-22の戦闘デビューは2014年9月23日未明，ペルシャ湾岸地域に展開しているラングレー・ユースティス統合基地（ペルシャ湾に配備）所属の第1戦闘航空団から飛んだ航空機が，シリアのラッカにある指揮統制センターへ攻撃したときだった。ラプターは現在，アメリカ中央軍（CENTCOM）地域へ恒常的に配備されており，“生来の決意”作戦*を支援するために，中東でほぼ絶え間なく存在感を示している。

ラプターにとって空対地任務は，あとで追加されたものかもしれない

＊2014年8月から始まったイスラムテロ組織ISILに対するアメリカ軍の軍事作戦。

F-22のパイロットはいまだに標準的な飛行用ヘルメットを着用している。いくつかの計画では，F-22用のヘルメット装着式照準器が評価されているが，キャノピーのデザインによって，こうしたかさばるシステムを装着すると，頭の動きが制限される。（©アメリカ空軍）

ティンダルに併設されている第2戦闘飛行隊のT-38Aタロンは，ラプターの学生に“レッド・エア”と呼ばれる攻撃機訓練の大半を提供している。（©アメリカ空軍／バート・トレイナー曹長）

が，たとえるなら弓にとって役に立つ弦といえる。第43戦闘飛行隊にとって，これは訓練コースに汎用な要素を織り込む機会になっている。「第43戦闘飛行隊には最も古い航空機があり，それらにはGBU-39小径爆弾を投下する能力はない。しかし，私たちは訓練の改良を通して統合直接攻撃弾を使う能力があり，それに焦点を当てている。シミュレーションでは，望むままに何でもできる。学生たちはここで小径爆弾の投下訓練はできるが，機体を実際に飛ばすことはできない」とバーン少佐は言う。

最近の第43戦闘飛行隊ではインクリメント2標準のラプターを使用しているが，これはGBU-31統合直接攻撃弾で二つの固定目標を攻撃できるという，かなり初歩的な能力を提供している。運用機はインクリメント3.1標準やそれ以上，GBU-39小径爆弾との統合を含む空対地任務能力の更新や，AIM-120D中距離空対空ミサイルやAIM-9Xサイドワインダーなどのような新しい能力も提供している。アメリカ空軍は全機を共通規格に更新することも検討している。「私たちが組み入れた空対地専用の乗り物は二つだけだ。航空戦術（ACT）や主要な冠イベントのような大規模な任務で，彼らはあらゆることを少しずつ得ていく」とバーン少佐は語る。

二人乗りの練習機を使えないことから，第43戦闘飛行隊の教官パイロットは，飛行中に先導しながら生徒を監視するのにとても長けている。（©アメリカ空軍）

統合的なラプター

興味深いことに，多くの国では実戦的な飛行訓練と統合的な飛行訓練の割合を50：50で目標にしているが，ラプターのBコースはすでにシミュレーターに大きく偏っている。

コース上で行う実際の飛行が38回なのに比べて，シミュレーターの場合は47回になる。バーン少佐によれば，地上での作業と学業は弱点を最小限にし，強みを最大化することに焦点を当てている。

「また，F-22飛行隊は同一の場所に配置されたT-38タロン練習機の“レッド・エア”攻撃機にも大きく依存している。タロンとラプターの両方を操縦するパイロットはごくわずかで，T-38はほとんどの時間をF-22との任務で敵対的な訓練に使われる。相手方練習機である“レッド・エア”は基本的にT-38が発端だった」とバーン少佐は説明する。

「結局のところ目視できる範囲に誰かを見つけたら，行動しなければならないとわかっているから，今でも有効な戦術であり熟達していなければならない。」バーン少佐

ラプターを真正面から見るとキャノピーの形状が良くわかる。（©アメリカ空軍）

第2戦闘飛行隊の教官パイロットは，ラプターの学生に対して任務のための“階段”を用意する。（©アメリカ空軍）

「ステルス機はほかのステルス機を再現できない。物理的な限界があるからだ。通常の第3世代，第4世代戦闘機の脅威に対するよりも，あまり現実的でない訓練になるだろう。たまにはお互い“レッド・エア”を飛ばすが，それはまれだ。F-22はすべて単座で運用されているので，ラプターの教官パイロットが継続訓練（CT）の飛行時間に達することはほとんどない。彼らにとってほとんどの飛行訓練（PFT）は授業計画の指示で組まれている」。

バーン少佐は続ける。「F-15C/Dコミュニティでは，教官パイロットが常にD型の後部座席で飛行しているのとは対照的に，ラプターでは飛行時間の大部分が生徒をウィングマン（僚機）として先導している。第43戦闘飛行隊の利点の一つは，すべてを先導するため，指導法が確実に上達することだ。生徒がどこで苦労するかがわかるようになり，空中や任務後の報告で，どこを見て何をすべきかがわかるようになる」。

作戦の流れが非常に速いため，第43戦闘飛行隊には最優秀の学生を輩出するプレッシャーがかかっている。運用中の飛行隊に配属されたのち，すぐに戦闘任務に就くか，あるいは戦域警備対策（TSP）の一部に配備される可能性がある。F-22コミュニティにスポットライトが当たらないのはまれだ。だから第43戦闘飛行隊はナンバーワンの“シルバー・バレット（銀の弾）”部隊として，ラプターの殺傷力を高い水準に維持するのが最も重要なのだ。

F-22パイロットのマックス・マロスカ少佐（左）。工場から第43戦闘飛行隊に航空機を納入したのち，ジョン・ジャンパー元アメリカ空軍参謀総長のあいさつを受けている。（©アメリカ空軍）

F-22の若いパイロットは，ラプター・コースで操縦桿を握る価値をよくわかっている。（©ジェイミー・ハンター）

任務を終えて帰路につくラプターのペア（上の2機）と，同行する第2戦闘飛行隊のT-38A。（©アメリカ空軍）

第５章

伝説のラングレー

部隊レポート：第１戦闘航空団

ラングレー・ユースティス統合基地の第１戦闘航空団はF-22ラプターの導入を主導し，2005年にこの革新的な戦闘機をアメリカ空軍に導いた。現在も同航空団の部隊に対する需要は以前と変わらず高い。

酸素マスクと黒みがかったヘルメット・バイザーのなかからパイロットが短く手を振り，スロットルを動かすとエンジンが独特なうなり声を発する。飢えた小型肉食恐竜ヴェロキラプトルの群れのような姿と音で仲間に加わり，世界で最も強力な制空戦闘機4機が行動の準備をしている。動翼はアスリートのようにストレッチをしている。腹を地面に近づけ，腰を落とした不格好なジェット機たちは，うなり声を上げながら集まってくる。

空調の効いた静かなコックピットのなかで，パイロットは四つの大型スクリーンに目をやり，これから始まる空中戦の状況をすでに把握している。リーダーがうなずいてチームの注意を引き，控えめな無線の呼びかけで行動開始を合図する。悪者に気をつけろ。ラプターがやってくる。

最近は空の優位性（あるいは制空権とでも呼ぶべきか）で，アメリカ空軍は非常に恐ろしいという評判を得ている。ベトナムの暗黒時代からただちに学び，最近ではF-15イーグルの104対0という損害比率がそれを物語っているが，F-22ラプターの登場で，空中戦の強さはさらに一歩進んだ。おそらくどんな相手も，ある程度ラプターの威嚇から抜け出し，ただ逃げるのが必然（空中戦もしていない）ということ自体が，空軍の主張を証明している。

「印象的だったのはシリアで活動するまで，ほとんどの者がラプターは戦闘で使われたことがないと言っていたことだ。それは私たちのコミュニティが長期の派遣で個人的な犠牲を払ってきたことを考えると受け入れがたかった」とロボ中佐は，10年間F-22を操縦し，有名な第94“ハット・イン・ザ・リング”戦闘飛行隊の指揮官として在職中に率いた人たちや，航空機について情熱的に語る。

「ラプターは10年前から効果を上げていたが，活発ではなかった。私たち（ラプター・コミュニティ）は，空母と同じように従来の戦略的抑止

イギリス空軍の“デュザ”少佐がチャフとフレアーを打ち出す。(©ジェイミー・ハンター)

力として使われている。ただ，あまり注目されなかった」と彼はつけ加える。

アメリカ空軍の有人戦闘機が最後に敵を殺した記録は，1999年にコソボで行われた“アライド・フォース”作戦のF-15Cによるものだ。

ロボ中佐は続ける。「抑止力を数値化するのは難しいが，その戦闘指揮官もF-22を自分の担当地域(AOR)に欲しがっている。ただ，彼らの要求を満たすのに十分なラプターがない」。

ラプターの空対空戦闘力に疑問をもつ者は少数で，2005年の就役以来，飛行隊は定期的に配備されている(それは業務だから)。それだけに，F-22にとって最初の軍事行動が，紛争地域の“フランカー(側面援護)”を黙々とこなす“一夜の”低観測性(LO，F-22のような低観測性プラットフォームで日常の仕事をするのは非常に厳しい業務だ)攻撃でドアを蹴破るのではなく，空対地攻撃だったのは実に皮肉だ。

実際，ヴァージニア州ラングレー・ユースティス統合基地の第27戦闘飛行隊(第94戦闘飛行隊の姉妹部隊)は，中東で予定されたローテーションの終わりが近い時期に，分岐点となる攻撃を行った。2014年9月23日夜，アメリカとアラブ同盟諸国はシリアの標的を攻撃し，いわゆる“イスラム国(IS)”の心臓部を突いたのである。統合参謀本部の作戦部長ウィリアム・メイビル陸軍中将は，当時，F-22がトルコ国境から約75マイル(約120km)離れたシリア北部にある施設を“GPS誘導弾”

で攻撃したと述べた。

F-22は現在，アメリカ中央軍に常時配備されており，この地域で重要な役割を果たし続けている。ラプターの高度な電子機器は，この地域のあらゆる空対空の脅威を抑止すると同時に，この複雑な作戦環境において重要な結節点となっており，1,000ポンドGBU-32統合直撃弾や250ポンドGBU-39小径爆弾で地上部隊を支援する能力は過小評価できない。さらに，シリアの防空網は“受動的”であり，アル＝アサド大統領は連合軍に抵抗するのは無謀だとわかっているが，地対空ミサイルの脅威は依然として残っており，実際シリア上空での作戦はいまだに低観測性プラットフォームに限られている。

準備を整える部隊

「目に見えない航空機が高度60,000フィート（18,288m），マッハ2で巡航することで，敵は私たちが空対空の勝負に長けていることを理解する」と2017年夏までラングレーの第1戦闘航空団司令官だったピート・“コーチ”・フェスラー大佐は笑う。第1航空団の司令官は第27および第94戦闘飛行隊の二個F-22飛行隊に加えて，第71戦闘機訓練飛行隊（FTS）のT-38Aタロンからなる新しいアグレッサー部隊も担当している。

この二つのラプター飛行隊は，第一次世界大戦にルーツを求められるアメリカ空軍最古の部隊で，2017年にはどちらも100周年を迎える。

「両飛行隊の歴史は，フランスのために自分の身を危険にさらして飛行したアメリカの飛行隊“ラファイエット・エスカドリーユ”にまでさかのぼる。第94戦闘飛行隊“スパッズ”はその歴史と遺産を持ち続け，両飛行隊は現在も活動している」とフェスラー大佐は説明する。

第1戦闘航空団（元は第1追撃群）は，アメリカの航空戦闘部隊の発祥地として真の評価を受けている。第二次世界大戦では，第27戦闘飛行隊がヨーロッパ戦域においてアメリカ軍初の空中戦で勝利を収め，それ以来，同飛行隊はアメリカ北部地域での冷戦警戒任務，それにベトナムでのF-4ファントムⅡの訓練に手を染め，1974年にはF-15Aイーグルを初めて運用した。

「1990年8月2日，48時間以内に“砂漠の盾”作戦のためサウジアラビアのダーランに航空団が派遣された。私が準備態勢について語るときは，パイロットたちに“いつそれが来るかわからない”と言う。これが最初に運用されたラプターの航空団だ。2008年には嘉手納に配備され，日本はもちろんグアムにも行き，さらに中東にも複数回派遣された。2014年には第27戦闘飛行隊がラプターとして初めて戦闘に参加し，その後，第94戦闘飛行隊がGBU-39小径爆弾を初めて運用した」とフェスラー大佐は言う。

フェスラー大佐はF-22を“戦略的インパクトのある戦術的資産”と呼んでいる。「ラプターを戦場に配備することで，影響力の大きいメッセージ性が生まれる。そのため需要は非常に高い」とフェスラー大佐は言う。実際，2010年から2013年まで，F-22はすべての戦闘機コミュニティで最も高い配備率を誇り，中東や太平洋地域で常にローテーションが組まれた。私たちは特定の地域に縛られているわけではない。実際，即戦力化されたそれぞれのラプター飛行隊が必要とされる場所に行く態勢を整えているのだ」。

配備の準備をし続けるとは何か，飛行隊の一人ひとりがよくわかっている。必要な訓練レベルを維持するだけでなく，航空機を完璧な状態に保つのも非常に重要だ。出動までの時間が限られる飛行隊は，戦闘機の低観測性を完全な状態に維持しなければならず，それが彼らの腕の見せ所なのだ。

即戦力化されたラプター飛行隊がわずか六つしかないため，単純にラプターが足りない，187機で生産を打ち切ったのは時期尚早だったと空軍の指導部が公言するのはたやすい。生産再開への最後の望みは消えただろうが，空軍は現在，F-35AライトニングⅡの生産と，新たな侵入対空“第6世代戦闘機”に照準を合わせている。しかし，ほとんどの者は，F-15とF-22の両方を生産に移行させるのは，アメリカ空軍にとって大いなる戦いだったのを覚えており，第6世代戦闘機を実現するには多くの“後押し”が必要だ。

ラプターは現在の改修が完了すると，F-22A全体では即戦力化するブロック30/35が139機，訓練用のブロック20が32機，さらにテストに割り当てるブロック20/30/35が12機，そしてブロック前が2機となり，これまでに2機が事故で失われている。

制空権の必要性

財政難の時代にあって，1999年以来，アメリカ空軍の有人機が怒りにまかせて空対空ミサイルを発射していないという事実を念頭に置けば，政治家のなかには，高級品の制空戦闘機に何十億ドルもの税金を投入する必要性を説明するのに，情報が不足していると疑いを抱く人がいるのは容易に想像がつく。

「空対空の必要性を明確にするのは非常に難しいが，単純な事実として制空権がなければ負けだ。その必要条件がなければ作戦はできない。私たちはイラク空軍を完膚なきまでに叩きのめし，15年間も黙認され

ラプターの複雑な翼面形状を見せて操縦するデュザ少佐とバレット少佐。（©アメリカ空軍）

「見えない航空機が高 度60,000フィート（18,288m），マッハ2で巡航すれば，敵は私たちが空対空の勝負に長けていると理解する。」ピート・“コーチ”・フェスラー大佐

（上）ラングレーの日除け場に並ぶ印象的なラプターの列。（©アメリカ空軍）

（右上）駐機整備区域に向かって意気揚々と歩く二人の第94戦闘飛行隊パイロット。（©アメリカ空軍）

（右）エンジン音を響かせながら午後の“出撃”のために地上走行で移動するラプターのペア。（©アメリカ空軍）

パイロットは攻撃時にAIM-9Mサイドワインダーが搭載されている側面のドアを開けて，ラプターの姿を一時的に晒す。（©アメリカ空軍）

た環境で活動してきたために，機械的に制空権を得るのではなく，制空権は獲得するものだという事実を見失ってしまったのだ」とフェスラー大佐は認める。

ラングレーのF-22飛行隊のネームボードを見ると，意気盛んな中尉や白髪交じりの者が大量に流れ込んでいるのは明らかだ。その多くはヴァージニアの空軍州兵に編入された第192航空団から来ており，現役の登録者名簿を補うために二つのラプター飛行隊に26名の即戦力となるパイロットを提供している。彼らは現役任務の入れ替わりが激しいなか，継続的な役割を果たして，若いパイロットが必要とする経験を広める手助けになっている。

航空団や飛行隊の指導者層には，F-15Cで経験を積んだベテラン・パイロットがいる。そのため，F-22のすばらしさを実感できる。

フェスラー大佐は，学校を卒業したばかりのパイロットを使い物になるようにするには，コストと時間がかかるのに加えて，経験の蓄積が課題であること認め，このように説明する。

「パイロット訓練から始めて，ティンダルでラプターの基礎コースを受けさせ，任務適格性訓練（MQT），飛行指揮官，教官，作戦司令官に格上げするには何年もかかる」。

今日，F-22のパイロットはAIM-120先進中距離空対空ミサイルから250ポンド小径爆弾まで，とても幅広い任務に精通することが求められているため，その仕事量はさらに増えているが，最高級の制空任務は依然として彼らの本業である。

コブラとJターン

「F-15に乗っている者にとっては本当に衝撃的な体験だった。私には，誰よりもうまく旋回し，速く飛べ，優れたセンサーのあるステルス機がある。F-22はすべてが備わっている。超巡航のマッハ1.5で戦場を飛び回り，ほとんど気づかれずにいられるのだ」とフェスラー大佐は言う。

驚異的なセンサーもさることながら，接近戦におけるラプターの圧倒的な性能は，間近で見ても畏敬の念を抱かせる。プラット＆ホイットニー製のF119エンジンを搭載し，推力をコントロールすることで，1990年代にロシアのSu-27“フランカー”が披露したような操縦が可能になったが，今では掃討型のステルス殺人機となっている。

「F-15では引き上げすぎると，航空機が警告してくるので，操縦桿を戻す。そうしないと失速して墜落してしまう。ラプターでは，さまざまな状況を打開する方法は操縦桿を引き続けるだけだ。推力偏向が機首を自分が望むところにもっていってくれる。ほかの航空機であれば（管制飛行を）やめるしかない。だが，これはこの航空機が可能なほんの一部にすぎない。たとえば，最初に100マイル（161km）離れたところにいるF-15かF-16を目指すとする。彼らのすぐそばを飛んで旋回し，背後で3,000フィート（914m）上昇しても，誰も気づかない。彼らのやり方では見つけられないのだ」とフェスラー大佐は説明する。

バレット少佐は第94戦闘飛行隊の兵器士官だ。彼は兵器学校を卒業したばかりで，部隊の最新兵器と戦術を教える任にある（彼はもっぱら敵を猛攻撃するのが専門だ）。

「推力偏向で向きを変えることはできるが，自動的に勝てるわけではない。私たちは若いパイロットに，エンジン停止後に行う有効な操作法を教えている。それは基本的な戦闘機動（BFM）において明確に（敵の）“姿”を見るというシナリオだ。たとえば，視線率と水平面の比率が一定で，敵機が特定の範囲内を旋回してやり過ごすのを見たら，敵の攻撃を打ち破るために最小半径で旋回し，自分の支配領域を与えないように指導している。若いパイロットには，最小半径で旋回するには，アフターバーナーのパワーを最大にし，傾斜角をおよそ30～45°で上昇に設定するため，操縦桿を横に傾けてペダルを踏み込む必要があると伝えている。そして，機体が上昇し始めて針路から逸れたと感じた時点で，小規模から中程度へとバフェット（振動）の圧力が操縦桿に増大する（すでに失速状態）。基本的に，私たちは敵の姿を確認したら，目的を成し遂げるために操縦か任務かどちらかを確実に実行するよう教えている。ほかの航空機に対して自分の機をうまく操縦できることは，戦闘機パイロットの最も重要な特性の一つだ」。

デュザ少佐はイギリス空軍の特権あるラプター交換パイロットで，現在は第94戦闘飛行隊でバレット少佐とともに飛行している。「ラプターは信じられないほどのパワーをもっている。また，非常に高度な機動性を引き出すことができ，失速後のコントロールは目を見張るものがある。必要に応じてコブラ，Jターン，ペダルターン，高度な旋回など，基本的な戦闘機動をかなり使った。短距離の基本的な機動戦では高度とエネルギーを角度に転換する第1級の機動（最大角60°）を間違いなく目にする」。

推力偏向の用途は明らかだが，F-22のパイロットはF-15やF-16に搭載されているヘルメット装着式統合目標指定システム（JHMCS）のようなものはまだない。タレス社のスコーピオン・システムがラプターで試されているが，第一線での使用には至っていない。レイセオンのAIM-9Xサイドワインダーは長期にわたるテスト・プログラムを経て，アップデート5が即戦力化のF-22飛行隊に採用された。このAIM-9Xサイドワインダーは，ラプターに視界外からの接近戦を可能にするが，ヘルメット（指示システム搭載）なしにはその能力を十分に発揮できない。「航空機にAIM-9Xが搭載されて大いに進歩したが，指示システムが装備されたヘルメットが欲しい。これはラプターというよりも第4世代の同僚にとって重要だ。なぜなら，通常は敵機の6時方向から探知されずに近づくことができるからだ」とロボ中佐は言う。だが，F-22はヘルメット照準がないので近距離（目視範囲内）での戦闘は不利だと認める者もいる。あるパイロットは「あの環境で私たちは脅威に対抗できない」とコメントしている。

長いゲーム

F-22が空対空で真に優れているのは，視界外射程（BVR）である。その重要な点は，目視されずに敵を倒すためのステルス性と高度な電子機器だ。フェスラー大佐は，「低観測性は，私たちがこの飛行機に払う金の大部分を占めている」と言う。

この点について，バレット少佐は次のように説明する。「4機が戦術戦闘編隊であり，それが私たちの作戦方法だ。編隊指揮官は作戦の方向性を示し，予想を立て，責任を分担

上面のダイヤモンド型キャノピーが開くと，煙の「シュー」という音とともに補助動力装置（APU）が起動する。（©アメリカ空軍）

して契約を結ぶ。F-22はパイロットに大量の情報を提供する。各パイロットはその情報を管理し，チームのために最も賢明な戦術的判断をするのに利用しなければならない。有効な契約を編隊と結ぶのが飛行指揮官としての仕事だ」。

この契約は飛行指揮官，副指揮官，僚機の間で誰が何を担当するかについての構想をとり決めるものだ。たとえば，ある方向のある高度から敵機の集団がやってきたら，編隊のナンバー2が責任をもって対応する。彼らは何も言わなくてもやってくれる。それが契約の仕組みなのだ。

「統合されたセンサーの融合には驚かされるばかりだ」とラプターの経験が浅いデュザ少佐はつけ加える。「第4世代の戦闘機では得られないほどの状況認識（SA）を提供してくれる。タイフーンからF-22に乗り換えたときに最も難しかったことの一つは，第5世代の考え方だった。F-22で飛び始めるまで，それを認識していなかった。私は過去の合同演習でラプターと一緒に任務をこなす機会が何度もあり，彼らの働きぶりをよく理解していた。ところが，それを自分が成し遂げるのに，コックピットでどう考えるかがわかっていなかった」。

「（ラプターでの）戦術はとても重要で，すべてチームとして行われる。編隊内で情報をどのように共有するかが重要なのだ。私たちの飛行方法は互いの側面を守るだけではなく，離れたところにいる別のラプターが，現実として私のもっていない情報を提供してくれるかもしれない。この航空機は，ほかの機が何をしているかを教え，それを処理しやすい形で表示する」。

バレット少佐は「空戦機動（ACM）の間，私たちは見つからずに敵を殺して生き延びることを目指している」と言う。敵はラプターを嗅ぎつける方法を増やしているので，作戦計画がとても重要だ。現在はリンク16が受信専用で，イントラフライト・データ・リンク（IFDL）は互いの情報リンク（互いに何をし

ラングレー近郊の広大な大西洋区域での任務中のF-22。至近距離でラプターを撮影するのは，敵役パイロットのなかでも限られた者にしかできない。（©アメリカ空軍）

「ラプターを戦場に配備すれば，重要なメッセージ性をもつことになる。そのため，ラプターに対する需要はとても高い。」ピート・“コーチ”・フェスラー大佐

ラングレー付近における第94戦闘飛行隊“ハット・イン・ザ・リング”のラプター４機による華麗な分離。（©アメリカ空軍）

「ラプターのパワーはすごい。また，非常に高いアルファ値を引き出せて，推力偏向後の制御も目を見張るものがある。」デュザ少佐

ているかを確認するためのもの）だ。これらの情報を認識すると航空画像（RAP）に融合され，戦場における神の視点になる。この航空画像により，より高度な編隊の状況認識が可能になった。“裏をかかれているか”や，ミサイルや燃料の状態もわかる。司令部との連携が可能になり，状況認識がさらに高まる。これらの入力で，画像に基づく戦術的に堅実な計画を立てて敵を倒す。

「この明確な状況認識，戦闘識別，遠距離で何が起こっているか，完全に確信することで，ラプターのパイロットは文字どおり標的にカーソルをドラッグ＆ドロップして，殺人的な打撃を与える。F-22を飛ばすの

ラプターのコミュニティは，選りすぐりの若いパイロットを選べる。（©アメリカ空軍）

ラングレー近郊の訓練場で，一組のラプターが“アイアンマン”T-38Aに襲いかかる。（©アメリカ空軍）

は簡単だという者がいても，実際はそうではない。航空優勢の仕事は決して簡単ではなく，準備を怠るわけにはいかない」とバレット少佐は断言する。

簡単には身につかない技量を磨くのに高度な訓練を維持するのは，ラプター・コミュニティにとってとても重要だ。「高度，接近防止，敵を寄せつけない航空優勢のための訓練に気を抜けない。みんなが私たちを頼りにしている」とロボ中佐はつけ加えた。

気を抜くな

全盛期のアメリカ空軍には1,000機以上のイーグルが在籍していた。F-35Aの導入数は依然として多いが，これらは基本的にF-16の後継機だ。約235機のF-15C/Dの耐用年数は現在2045年まで延長されており，ラプターの数は比較的少ないため，アメリカ空軍は貴重なF-22を必要とする間に使い切ってしまわないようにするのが重要だ。年間搭乗員準備計画では，それを維持するのに必要な一定の出動回数が定められている。ラプターでは防御的および攻撃的な迎撃を含む任務の混合とともに，能力に応じた昇格が行われる。空軍の目標を幅広く満たすため，訓練計画を慎重に練るのが仕事だ。

「1時間飛んだあと，バーに直行してハイタッチするわけではない」とロボ中佐は冗談を言う。「パイロットは準備，打ち合わせ，飛行，報告だけで最低10時間はかかる。私たちはサッカーチームに少し似ている。週に1回プレーし，大半の時間を準備とプレーの確認に費やす。準備と報告の時間が不釣り合いなのだ。1時間の飛行につき，10～15時間は準備と分析に費やしているだろう。私たちは納税者に対して義務を負っており，毎日それを実行していると保証する。幸い，私には航空機の中でも外でも非常に優秀な人材がそろっている。私たちの箴言は“自分の任務と役割を理解し，仕事をする”だ」。

今日，高速ジェット戦闘機にとって訓練の重要な要素になっているリアルなシミュレーターは，高価な実戦飛行を大いに補完している。そのシミュレーターも，航空機と同じく必要に応じて工夫して使われている。たとえば，ラングレーのパイロットには種類の異なる空中戦の訓練（DACT）が不十分だという認識があった。これにより，任務の運用を分散させた新たなシミュレーターのシナリオを開発した。それはラングレーのシミュレーターをほかの基地とリンクさせて，高度な訓練が行える。実際の飛行はこの地上作業を補うものである。「兵器学校では，地元の基地にはない装置を使い，高レベルで操作ができる。ネリスでは第64アグレッサー飛行隊による地上および空中からの脅威はあるが，ここラングレーではT-38の支援で対戦相手を組むから，独自の“レッド・エア”を内部でつくらなければならない」とバレット少佐は説明する。

“アイアンマン”（過渡期援助プログラムの“レッド・エア”）

「私たちにとって一番の目標は，ラプターのために“レッド・エア”を提供することだ」と語るのは，第71戦闘訓練飛行隊“アイアンマン（鉄人）”の指揮官チャールズ・“スタブ”・ヘベール中佐だ。「ラングレーの駐機整備区域には，くたびれてはいるが光沢のある黒いT-38Aタロンが14機並んでおり，この多様な飛行隊は，ここでラプターの支

2017年春の演習“アトランティック・トライデント”で，最終チェック区域にいる第71飛行隊のT-38A。（©アメリカ空軍）

“アイアンマン”の駐機場で，T-38Aを飛行前点検するシングル少佐。（©アメリカ空軍）

整備担当者は，ラプターの整備をしやすくするためにすばらしい仕事をしている。計器類へのアクセスは最適化されているが，ステルス性の高いコーティングの維持は依然として大きな課題だ。（©アメリカ空軍）

援に全力を注いでいる。“アイアンマン”はビエール空軍基地やホワイトマン空軍基地のT-38のような友軍練習機ではない。ラプターのパイロットに安っぽい飛行時間を提供しているわけではない。彼らは4機編隊チームの演習で対戦相手として支援することに専念している」。

シングル少佐は，訓練を終えたばかりのパイロットだ。第71戦闘訓練飛行隊のベテラン・パイロットとは異なり，彼女はラプターへのステップアップとしてここに来ることができる，数多くの若いパイロットの一人である。

「私たちの飛行隊は，ここにいる人たちからすれば混成部隊だ」とスタブ中佐は説明する。「この任務が初めてのスーパースターもいる。シングル少佐のような，パイロット訓練をトップで卒業した者がラプターを割り当てられるが，ティンダルでBコースの枠を待って足踏みをしている者もいる。さらに，元F-15，F-16，F-22パイロット，アメリカ空軍と空軍予備役の両方がおり，ここ航空戦闘軍団司令部のスタッフであるパイロットまでいる」。

シングル少佐のようなパイロットにとっては，最初に多くの飛行を伴う攻撃方法を学ぶ絶好の機会であると同時に，スタブ中佐が説明するようにラプターとの関係を早期に築ける。最初に配属されたパイロットは，シングル少佐のように兵器や戦術の話に参加し，通常の日にはT-38や“レッド・エア”のラプターを率いるだけでなく，“ブルー・エア”チームと連絡をとり合って計画を立て，目的を達成している。彼女は情報説明，兵器，特別航空任務を立てて，実際に戦闘を指揮している。戦闘後，あらかじめT-38チームに集合をかけ，その後，“レッド・エア”のラプターを集めて，個別戦闘航空搭乗員表示システム（ICADS）の報告を行う。このようにして，若いパイロットたちは高レベルな対戦を経てBコースに姿を見せるので，ラプターに足を踏み入れるために可能な限りの準備をしている。

シングル少佐の説明によると，「ここには訓練を終えたばかりの8人の新米パイロットがおり，最初の任務として“レッド・エア”で2年間，ラプターの性能を十分に理解しながら任務を遂行する。文字どおり，彼らは戦術を学べるのだ。1年目は“レッド・エア”だけで，2年目になるとシミュレーターに入ってF-22の起動が許される」。

第71戦闘訓練飛行隊は，ラングレーの両ラプター部隊を支援してい

“アトランティック・トライデント”の参加者を率いるラングレーのF-22。この演習では“アイアンマン”たちが“レッド・エア”を引き受けた。（©アメリカ空軍）

る。「両飛行隊が中心部にいるときは，通常それぞれに4機のT-38を提供し，2機から4機の“レッド・エア”ラプターを加えて，4機のブルー部隊ラプターに対抗させている」。

もちろん，小型のタロンは残忍なラプターにとって格好の餌食だ。しかし，シングル少佐の説明によると，「私たちにとっては数のうえでの強さが重要だ。彼らが私たちを殺し，死んだら生まれ変わって，また生き返る」。

T-38は耐久性が低いため，大西洋の広大な軍事作戦域（MOA）では使用できないが，ラプターには20～30分の高度な訓練を勧めている。

「彼らにはそれぞれの任務で達成すべき一定の期待される学習目標（DLO）があり，それを推進するための説明や戦術を設定するのが私たちの仕事だ。たとえば，目視内射程（WVR）についたとして，ラプターを視覚的に拾うことができれば，それは彼らにとっての期待される授業目標になる。彼らは方位角を超広域や距離で表わして敵機と戦うつもりかもしれないが，私たちはそれらの目標を動かしていろいろな画像を提示する。会敵した時点で彼らの期待される学習目標を満たしたことになる。なぜなら，彼らには全体の戦術がわからないようにしているからだ。私たちは彼らと基本的な戦闘機動はしない。彼らの学習目標は，その30秒から1分前にあった。彼らの判断で会敵に至ったのだ」。

シングル少佐はつけ加える。「私のお気に入りは空戦機動（ACM）だ。なぜなら，彼らにこのような短距離の問題から始めさせて，実際に彼らと目視内射程が得られたからだ。見れば見るほど，彼らが頼もしくなる。提示された内容によっては，通り抜けてから敵機をやっつけて，その後戻ってくる必要があるかもしれない。60マイル（96.6km）離れたところからスタートしても，相手の戦術に精通しているので問題は起こらない。彼らがどこにいるのかわかっているので，私たちはレーダーがなくても回避できる。彼らと一緒に防勢対航空作戦（DCA）をやると，一日中ラプターを見ないこともある。車で出かけていき，殺されてまた戻ってくるだけだ」。

バレット少佐はつけ加える。「ラプターの視点で見ると，彼らは先進中距離空対空ミサイルが弾切れになり始める作戦終盤で組み合わなければならないので，F-22は彼らと接近することになる。相手が押してくるならAIM-9Xや機銃で仕留めて，指揮官の意図に沿うようにしなければならない」。

高度なセンサーや兵器を持たないT-38のパイロットは，ラプターの脅威をシミュレートするために創造的にならなければならない。「各兵器の交戦ゾーン（WEZ）をシミュレートするために必要な距離や角度はわかっているので，所用時間を記入して飛行後にチェックし，仕留めたかどうかを確認するだけだ。私たちの仕事はシミュレーションしている兵器のオフボアサイト*照準能力を知ることで，T-38のキャノピーを通して見ながら位置関係を見極めるのだ」。

興味深いのは，第71戦闘訓練飛行隊のある兵器士官が，オフボアサイトの兵器交戦ゾーンを評価しやすくするために，T-38のキャノピーへ実際に線を引いたことだ。

「データテープもヘッドアップディスプレイ（HUD）もないから，バロン（地上管制）が目標までの距離を教えてくれるのに頼っている」とシングル少佐はつけ加える。任務ごとに搭載された小型GPSは終了後に飛行隊へ持ち帰り，個別戦闘航空搭乗員表示システムのデータと融合し，飛行を再生して慎重に評価できる。

現在，アグレッサーを支援する二つのT-38飛行隊がある。それはラ

＊正面から大きく逸れた敵に照準を合わせること。

目を見張るような失速後の機動により，接近戦においてラプターは恐るべき強さを発揮する。（©アメリカ空軍）

ングレーの第71戦闘訓練飛行隊と，フロリダ州ティンダル空軍基地の第2戦闘訓練飛行隊だ。退任する航空戦闘軍団の司令官ハーバート・J・“ホーク”・カーライル大将は，F-22を“レッド・エア”のプラットフォームとして使用するのは正しくないと語っている。機体への負担が大きく，最適な訓練にもならないからだ。

拡大するF-35Aコミュニティは，同様のアグレッサー支援飛行隊を必要としており，航空戦闘軍団は新しいT-X練習機が稼動すればT-38Cを解放して，タロンのアグレッサー業務が拡大すると多くの者が考えている。請け負う者に委ねれば，実働部隊や政府支給の機器として利用できる可能性がある。

カーライル大将は，2014年9月に第65アグレッサー飛行隊の非活性化にともない，ネヴァダ州の基地で保有していたF-15を隠退させたが，ネリス空軍基地に別のアグレッサー飛行隊を立ち上げたいと述べ

戦闘の合間に燃料を補給して活動に戻る“スパッズ”のラプター。巡航飛行のために外部燃料タンクが搭載されるが，それによってラプターの低探知性が損なわれてしまう。（©アメリカ空軍）

た。カーライル大将は今後15年から20年の間，空軍が保有する“レッド・エア”を補完するために，誰か請け負う者の支援が必要だと考えている。これは，より強力で高性能なプラットフォームの必要性を含めて，アグレッサー訓練を強化する大きな動きを示している。

“第５世代”への挑戦

経験豊富なパイロットにとっても，ラプターへの乗り換えは非常に難しい。以下はデュザ少佐のコメント。「経験豊富なタイフーン・パイロットの私に与えられた出撃回数は，ティンダルの戦闘訓練部隊（FTU）で12回だけだった。ラングレーに着いたときには，まだ15時間しか乗っていなかった。ここの空域はイギリスとはまったく違う。また，私たちは訓練の大半を組織的に行っており，ラプターにはミッション・データ・カードを挿入する読み込み式の訓練モードがあり，地対空ミサイルやさまざまなシナリオを想定した総合的な訓練環境で作業ができる。私は引き続き昇格しており，7月には任務指揮官への昇格を終え，今は教官の資格取得に向けて取り組んでいる」。

ここにいることが彼に大きな利益をもたらしている。デュザ少佐はつけ加える。「アメリカ空軍はこの第5世代戦闘機を10数年にわたって運用している。イギリスがF-35による第5世代の能力を開発するにあたり，戦闘実績のあるこの航空機で私が経験したことは，私たちの能力を成熟させるのに役立つ」。

F-22のような低観測性プラットフォームで毎日仕事をするというのは，とても厳しい業務だ。フェスラー大佐のような人にとって，ラプターの特徴を深く理解するのは非常に重要である。「低観測性の整備には多大な労力を要する。これらの機械を健全に保つには，手仕事が多く，細心の注意が必要だが，他人には理解されない」と彼は警鐘を鳴らす。

第1作戦群と整備群の下には，飛行隊ごとに航空機整備部隊（AMU）がある。それに加えて，専門の“低観測性セクション”があり，ラプターの技術作業のほぼすべての要素にかかわっている。最近のあるレポートによると，F-22の低観測性保守作業は，作業全体の約60％を占めている。

「パイロットに注目が集まりがちだが，整備チームも大変だ。整備担当者は時間をかけて機を改善するために多大な努力をしてきた。彼らはいろんなことを理解している」とフェスラー大佐は言う。「たとえば，ラプターへ最初に乗り込むときには自分でその旨を伝えることになっていた。保守用のコンピュータに接続すると次のように表示される。『壊れている。85％の確率でこれ，15％の確率でこれ』という具合だ。担当者のチーフに指示を出し，整備員があとを追うのである。実際にやったのは，『壊れたけど，この1,000個のうちの一つだよ。あぁ，800個は低観測性の邪魔なパネルの後ろにある』ということだった。そのため，パネルを摘んで部品を取り出し，外板を貼り直さなければならなかった。また，部品の故障率が予想以上に高かったため，初めの頃は整備ができないジェット機として評判が悪かった。ラングレーの整備員たちは，機体ごとにデータマイニング*を行った。彼らは航空機が何を違っていると言ったのか，パイロットが何を間違っていると思ったのか，そして自分たちがどう修正したかを調べた」。

「整備員たちが機体とパイロットの言い分を関連づけて，たいていは“これだ”ということになった。彼らはデータをすべてひとまとめにしてロッキードに送り返し，その後ソフトウェアの書き換えが行われた。今や航空機は本当に自ら語りかけてくる」。

フェスラー大佐は続ける。「次にどの部品の故障が多いか特定した。技術者が新しいパネルを設計・製作

＊データ解析の手法。膨大なデータベースから，通常なら想像のつかない情報を抽出する。

ドッジ中尉は，彼の馬（F-22）を低高度に保ったまま，最高の演技でラングレーを出発する。（©アメリカ空軍）

第94戦闘飛行隊の4機が短時間にできるだけ隊形を組む。ラプターのパイロットは4機で戦うのが好きだ。(©アメリカ空軍)

してくれたおかげで，従来は手間がかかっていた場所にもアクセスできるようになった。パネルをこじ開けるのも今では手が届き，簡単に元に戻せる」。

F-22の技術面で秀でているのはF119エンジンだ。「このエンジンは推力偏向の制御でより複雑だが，整備はとても簡単だ。付属品はすべてエンジンの下側にある。そのため，ほかの航空機ならエンジンを引き抜かなければならない作業も載せたままで可能だ。これはF-22の最も成功した部分の一つであり，私たちには手のかかるシステムではない」とフェスラー大佐は説明する。

戦闘機の統合

F-22とF-35の就役は整備の面でも間違いなく比較されるだろうとフェスラー大佐は言う。「F-35には私たちラプター・コミュニティにはない利点がある。問題を見つけるため，長い日程表を組んだ。航空機の問題点を見つけるには若い中尉に任せるのが一番だ。彼らは問題を見つけるだろう」。

統合と相互運用性の問題は必然的に近い関係にある。空軍はF-22とF-35をどのように統合するか考えている。前述の交流プログラムに加えて，定期的に当事者の会議が催されている。ネリスの第422試験評価飛行隊“グリーン・バット”は，この取り組みの要であり，2017年にはF-22とF-35にとって初の合同演習“レッド・フラッグ”行われた。

ロボ中佐のコメント。「F-35が軌道に乗れば，お互いに補完し合うことになるだろう。F-22は空対空，F-35は空対地の役割を担っており，それぞれ少し重なる部分がある。F-22は，これまでで最高の空対空戦闘機だが，空対地任務をこなせるものの，それに最適化されているわけではない。F-35は優れたセンサーを搭載しており，空対空任務もこなすが，空対地の役割に最適化されている。F-35にはラプターを特別なものにしているスピードと機動性，つまり運動能力がない」。

バレット少佐は加える。「過去数十年間にF-15CとF-16の関係で目にしてきたのと同じものをF-22とF-35でも経験するだろう。F-22は近接航空支援（CAS）の手順で標的を攻撃できるが，私たちは主に空の

遭遇！“レッド・エア”と“ブルー・エア”のラプターが旋回しながら戦う。(©アメリカ空軍)

この第27戦闘飛行隊のF-22には，低探知性コーティングに整備中の痕跡（色が違う部分）が見られる。（©アメリカ空軍）

「F35は優れたセンサーを持ち，空対空任務も遂行できるが，空対地の役割に最適化されており，ラプターを特別なものにしているスピードや機動性，つまり運動性はない」ロボ中佐

脅威を探知，識別，殺傷に最適化されている」。

F-35が増加し続けると，F-22を確保するために第4世代の同胞を最大限に活用しなければならない。「今日は“レイザー・タロン”演習に参加する」とバレットは言う。

「私たちは複数の戦闘機と爆撃機を統合し，互いにブルー（チーム）の利点を契約し，ほぼ同種の敵に対抗する。チームに尽くすため，個別の命名規則（MDS）を十分に心得ている。今日の訓練の経験は，肝心なときに勝利を可能にする」。

東海岸の本拠地で行われる“レイザー・タロン”のような局地的演習だけでなく，“レッド・フラッグ”のような大規模演習でもラプターは常に活躍している。“レッド・フラッグ”は自分自身の経験のためだけでなく，ほかの第4世代の参加者にとって理解と相互運用を促進するためでもある。「ラプター飛行隊は数が少ないので，繰り返し任務が与えられる。そのため，即応性が懸念されるからバランスをとらなければならない」とロボ中佐は言う。

最近のラプターは，自身の飛行以外にデータを共有できないのが悩みの種だ。「統合には問題がある。30機を統率しながら敵を仕留めるのはかなりのストレスだ。私は無線で『あいつから離れたままでいろ。こっちに来い。あいつとおまえは仲間だ』という具合に言っている。私たちが見ているものは，第4世代の連中にもほとんど伝えている。私が見つけた敵を誰かが撃ってくれるほうがいい。残りは私が片をつける」とフェスラー大佐は言う。

それはお互いさまだ。ラプター・コミュニティでは，データや合図用のセンサーをやけくそになって叩く者がいる。「俺の機にセンサーはいらない」とはあるパイロットの言葉だ。

新たな敵，あらたな役割

空対空に重点を置いているが，最近の更新は明らかにF-22の攻撃能力を強化するために設計されている。F/A-22の指定は短期間で終わったが，「私たちの役割は少し変わった」とロボ中佐は認めている。

「F-22は空対空のために設計され，その後，限定的な空対地の機能を追加した。」とロボ中佐は説明する。「10年を経て，私たちは空対地の役割をはるかに強化した。合成開口レーダーや小径爆弾があり，イラクやシリアの“生来の決意”作戦では巻き添えになる被害が少ない兵器が必要とされている。私の飛行隊はインクリメント3.1で取得した小径爆弾を最初に搭載した。私たちがやっていることは，この航空機がより大きなチームを助ける方法を探っているだけだ。センサーや状況認識

2017年4月に行われた“アトランティック・トライデント”演習では，フランスのラファールとイギリス空軍のユーロファイター・タイフーンがラングレーのラプターと連携した。（©アメリカ空軍）

F-22とF-35A（奥）の組み合わせは，アメリカ空軍が取り組んでいる戦闘機統合のイメージにおける重要な要素だ。（©アメリカ空軍）

力を駆使して空と地上の脅威を把握できる。私たちは従来の敵の防空制圧（SEAD）を行うための貴重な存在ではない。F-35が最も得意とする分野も少しはあるが，私たちはこうした任務を少しずつこなしている」。

ロボ中佐はラプターを“空のクォーターバック”と表現し，現在の戦闘活動ではシリアの統合防空システムが連合軍機と積極的に交戦しないものの，F-22がそこにいるのがよいと語っている。そして「あなたには決してわからない」とつけ加えた。

戦いの準備

アメリカ中央軍の担当地域に関係するすべてのものは，それぞれの役割を果たすことが求められており，ラプターも例外ではない。シリアの重要目標に対して，あらかじめ計画されたとおりに攻撃しただけでなく，ほかに通常ではない出来事も生じた。

「私たちが派遣されたとき，“ハット・イン・ザ・リング”の連中は，地上の友軍から近接航空支援を行うよう求められた」とバレット少佐は言う。「兵器士官として，敵に効果的な兵器として，小径爆弾や統合直接攻撃弾でパイロットを訓練する戦術・戦法・手順（TTPs）の開発と行動計画の作成を指揮しなければならなかった。私はインクリメント3.1で展開された最初の即戦力化されたF-22飛行隊を率いて，初めて小径爆弾で敵を攻撃した。展開中に飛行隊が成し遂げたことを深く誇りに思う」とロボ中佐は力説する。「私たちは別の航空機に変わることもなく，この航空機とその能力を現在の戦いに適応させようとしてきた。これは航空優勢のためのプラットフォームであり，その任務が片づけば，ほかのことにも目を向けられる。

実際，兵器を必要とする統合末端攻撃統制官（JTAC）がいるのも事実だ。そのため，パイロットは統合末端攻撃統制官の訓練を受け，ダイナミック・ターゲティング*を開始している。それは，小径爆弾で連携するという意味での近接航空支援だ。それで誰もが期待する高性能な航空優勢プラットフォームとしての主体性や能力を失わずに適応し，かかわることができる」。♠

＊事前に計画された航空任務命令の目標以外の標的すべて，つまり計画外や予期せぬ標的に適用される用語。

謝辞：ジェイミー・ハンターはフェスラー大佐をはじめとする第１戦闘航空団の皆様の多大なるご協力に感謝します。

F-22の得意分野である急角度の攻撃では，巨大な蒸気の塊が機体を包み込むような劇的な結果をもたらす。（©リッチ・クーパー）

第6章

ロックンロール

インタビュー：ラプターの展示

ダン・“ロック”・ディッキンソン少佐は，ラプターのデモンストレーション・パイロットになるためにどのような訓練を行っているか，また，この畏敬の念を抱かせる空中演技の難しさについて語っている。

ダン・“ロック”・ディッキンソン少佐。（©アメリカ空軍）

航空戦闘軍団のF-22ラプターによる航空デモンストレーションは，航空ショーのなかでも最も人気のある演目の一つだ。F-22のようなステルス戦闘機が大観衆の前で，その驚異的な俊敏性を発揮するという事実に，多くの人が言葉を失う。確かに，ロシアでは何年も前から失速後の推力偏向のような敏捷さを見てきたが，第一線で運用されているステルス戦闘機ではなかった。F-22“デモチーム”の2017年デモパイロットは，ダン・“ロック”・ディッキンソン少佐だ。ディッキンソン少佐は，F-22ラプター航空デモンストレーション・チームの指揮官で，パイロットという正式な肩書きをもっている。2年の任期でラングレー・ユースティス統合基地を拠点とする第94戦闘飛行隊に所属している。F-22のデモンストレーションは常駐している第1戦闘航空団が担当し，このパイロットは19名のチームを率いている。

その選考について，ディッキンソン少佐が語る。「空軍はF-22のデモパイロットに教官資格をもつラプター・パイロットで，通常，3回の任務に就いたことのある者を求めている。チームを運営する第1戦闘航空団は2年に1度，すべてのF-22基地にデモパイロットの推薦依頼を出している。候補者はラングレーの航空団司令官と正式な面接のためにやって来て，パイロットの飛行記録の徹底した調査と合わせて吟味される。このような小さなコミュニティでは，すでにみなが互いの評判を知っている」。

最終的にラングレー航空団の司令官が，今後2年の新しいF-22デモパイロットを決定する。そして，新

航空戦闘軍団（ACC）デモンストレーション・チームの記章。

デモンストレーションで観客に機体上面を見せて，敬礼を意味する“デディケーション・パス（献身通過）”を行うF-22。（©ジェイミー・ハンター）

パイロットは現職の追尾に回る。「ラプターのデモパイロットになるために半年かけて昇格するのだ。昇格のための出撃回数は19回ほどで，同時に退任するデモパイロットの追尾も行う。だから，今は後続のパイロットであるポール・“ロコ”・ロペス少佐が，実地訓練のためにすべての航空ショーについてきてくれている」とディッキンソン少佐は説明する。

F-22デモパイロットになるために学ぶこと

訓練はテキサス州フォートワースにあるロッキード・マーチン施設のシミュレーターで始まる。ディッキンソン少佐によると，この施設で緊急時の手順を学び，低空でのラプターの機動性に慣れるには最適だという。「このシミュレーターでは，エンジンや電子機器が実機と同じように反応する」。

「訓練で気になるのは手順の応答だが，このシミュレーターではしっかりと再現されている。その後，実際の飛行に入り，最初の数回はラングレー近郊の海上，高度5,000フィート（1,524m）以上を2機で飛ぶ。今のところ，私は新人デモパイロットの昇格過程を追っている」。

つまり，ディッキンソン少佐は新人パイロットが作業するのを日常的に高見で観察しているのだ。「うまくいけば，飛行場の上空でいつもどおり飛行を開始する。高度2,000フィート（約610m）からスタートし，15回の出撃で目標高度の300フィート（91m）までゆっくりと下げていく。海上では追跡パイロット，飛行場では安全監視員および教官として地上から見守っている」。

ラプターのデモパイロットとして，ディッキンソン少佐はメディアや一般人から多くの注目を集めている。彼は初め，T-6テキサンⅡに乗り，ミシシッピ州のコロンバス空軍基地でT-38Cタロンを使った特殊なパイロット訓練を修了し，優秀な卒業生として航空教育・訓練軍団の司令官賞の受賞者として，翼の記章を得た。その後，テキサス州ランドルフ空軍基地で戦闘機の基礎入門（IFF）の訓練を受ける間に，アリゾナ州ルーク空軍基地のF-16でラプターの導入コースに参加した。現在，このコースはないが，以前は新人パイロットがT-38からF-22にステップアップする際に使われていた。ディッキンソン少佐は，ティンダル空軍基地の第43戦闘飛行隊が実施した第1回アメリカ空軍F-22基礎コースに参加し，優等生として卒業した。卒業後はラングレーの第94戦闘飛行隊に4年間配属された。

2012年にディッキンソン少佐は訓練部隊の正式な教官として，ティ

F119エンジンがアフターバーナーで推力を上げ，高速旋回に入るディッキンソン少佐のF-22。（©ジェイミー・ハンター）

ンダルの第43戦闘飛行隊に再配属され，その後，デモンストレーション・パイロットとなってラングレーに戻った。デモパイロットになってから約2年が経ち，ラプターの総飛行時間は約1,060時間に達する。

デモチームでの役割は，実際のところ常勤である。「通常は月4回の週末のうち3回は航空ショーで留守にする。月曜日にラングレーに戻り火曜日は休み，水曜日はたぶん半日にする。これはチームの指揮官という点で独特だ。展示飛行の合間に部隊へ戻り，責任者として時流に遅れないように2，3週間ごとに1，2回は戦闘訓練に出撃するようにしている」。

展示飛行

F-22の展示操作で最も印象的なのは，大型機ならではの機敏な動きだ。プラット＆ホイットニー製F119エンジンの推力偏向と操縦系統により，機体は瞬時に旋回できる。じめじめした日や，蒸し暑い日には，たびたび水蒸気の雲に包まれる。

信じられないことに，ディッキンソン少佐の展示飛行は畳みかけるように急旋回し，失速後の飛行そのままに，推力を頼りとして巧みに制御を維持する手順が数多く含まれる。展示飛行で失速後に披露する機動をディッキンソン少佐は“強調項目”と呼ぶ。「ラプターのパイロットなら誰もが一度はこのような機動をしたことがあると思うが，今回の展示飛行で大きく違うのは，地面近くまで降下しなかったことだ。これらを正確に操縦して回復高度を守るのは，訓練や技量を高めるうえでとても重要視される」と彼は言う。

ラプターのデモチームには，誘導路上に18人の担当人員がいる。（©アメリカ空軍/シェーン・カープ空兵長）

ランクを上げる訓練飛行では，自信をもって地上近くでダイナミックかつ安全に操縦し，機動の侵入ゲートとなる高度まで達する能力を証明する。初期はミスをしても余裕のある海上からスタートする。「飛行場の上空ではゲートの高度が最優先になる。新人パイロットのために地上で安全監視をしている私にとって，目視で高度を判断するのが仕事の大半だ。彼は2,000フィート（610ｍ）の余裕を見て飛行場上空からスタートするが，これは私たちが組み入れた安全限度だ」とディッキンソン少佐は説明する。

「さらに垂直上昇に入る際には，侵入ゲートの高度を無線で呼びかける。彼は私から確実な応答を受けて操縦を続けられる。高度が低すぎると聞いたら，彼に中止して機体を戻すように指示すると，彼はそれを実行し，その後も話し続ける」。

訓練を受けたデモパイロットでも，地上には必ず安全監視員がいる。「私がデモ飛行するには，展示飛行を見ているほかのF-22デモチームの資格がある安全監視員と連絡をとり合わなければならない。たとえば，離陸時は垂直上昇する。ゲートの高度は3,500フィート（1,067m）か，最低でも3,000フィート（914m）だから，私が3,000フィート以上と呼びかけている限り，安全監視員が“よ

展示飛行を終えて駐機場に戻る際，観客に手を振るディッキンソン少佐。（©ジェイミー・ハンター）

©アメリカ空軍/ダスティン・ミューレン上等空兵

©アメリカ空軍/ハビエル・クルーズ1等軍曹

©リッチ・クーパー

©アメリカ空軍/キンバリー・ネーグル空兵長

> 「今回のデモは第5世代の航空機としてのほんの一部しか見せていない。空で最も恐れられている航空機は，主にステルス性，スピード，電子機器のおかげだ。」ダン・“ロック”・ディッキンソン少佐

い数値だ”と応答した時点で操縦を続ける。もし誰かが2,900フィート（884m）と応答してきたら，“中止，引き戻す”と答えるだろう。その時点でパイロットは翼を水平に戻す。私たちは垂直上昇や度を超えた反転など，ありとあらゆる挑戦と応答演習を行っている」。

この挑戦と応答の実践は，航空戦闘軍団に所属するすべてのデモチームで採用されている安全機能だ。これにより，パイロットは展示飛行を安全に実施するため，他人の目の助けを借りるのである。積極的に推力偏向を行うラプターにとって，これは手順全般のうちでとても重要な部分だ。

F-22の実力は航空ショーの観客の目からはかけ離れたところにあり（黙って遠距離から仕留めるのは得意だ），デモンストレーションでは接近戦での驚異的な敏捷性を披露し

ている。「このデモでは第5世代の航空機としてのほんの一部しか見せていない。空で最も恐れられているこの航空機は，主にステルス，スピード，電子機器のおかげだ」。

「そこがすごいところなのだ。だが，さらに高度な操縦技術が加われば，目視範囲内での戦いで大きな役割を果たす姿を目にする。敵と対峙する状況にはならないと思うが，もし空中戦になったら，どちらが先にミサイルの指標につけるかということになる。失速後も俊敏性があるので，機首を向けてミサイルや機銃が使える。これは戦略的な優位性が大きく，俊敏さにより目視の戦闘でも優位に立てる」。

展示飛行は（ある程度）戦闘能力につながるのだ。「F-22のパイロットなら誰もがそのような操縦ができる。地上300フィート（91m）では飛ばさない。急角度の基本戦闘機動（BFM）では，目にする状況に応じてどの操作に該当するか，ポイントがある。展示では現実世界の空中戦が見られるが，これは，この航空機は何ができるかということを納税者に見せる重要な試みの一部なのだ」とディッキンソン少佐は言う。

唯一の例外はテールスライド（後滑り）。「あれは，いくつかの理由で，手順のなかでも特に能力を必要とする部分だ。これは通常，F-22の飛

離陸直後に急激な機首上げで垂直上昇に入る。（©リッチ・クーパー）

展示飛行の垂直上昇で行われる各要素には挑戦が求められ，安全監視員と無線でやりとりする。（©リッチ・クーパー）

行では行われず，航空ショーでこの航空機の能力を示すためのものだ」とディッキンソン少佐は言う。

「私は今でもその驚異的な仕事ぶりに驚くが，ラプターは実際に後ろ向きで飛行し，失速しているにもかかわらず，完全にコントロールできる。パイロットとしては一般的に機首を真上に向けて機体を失速させないようにと教わるので，そのとおりにしている。そのため，訓練ではこの航空機はそれができるという自信を持たせるために，何度か出撃を行う。つまり，後ろ向きに飛べる航空機なんてあまりないのだ」。

ディッキンソン少佐によると，テールスライドは風が強いときには特に難しいという。「ラプターは風を分析するすばらしい仕事をしてくれる。ただし，ある迎角以上になると，その角度で風に合わせるが，その後，急激に風が変化すると，とても派手なことになる」。

テールスライドの飛ばし方について，ディッキンソン少佐は次のように説明する。「テールスライドに入ると，エンジンをアイドリングに戻して速度を落とすが，100ノット（185.2km/h）以下になったら，エンジンを出力100%に戻し，両方のエンジンをフル回転させて，後方から地面に落ちていくのを素早く回復させる。機首を押し出して加速し，機動を終えれば，そのまま動き続けてくれる。だが，アフターバーナーを選択すると，ひたすら上昇していく」。

「ラプターのコミュニティでは，パイロットの入力操作は要請にすぎないと冗談を言う。航空機がいつ推力偏向を作動させるか，どのように飛行制御するかを決定する。テールスライドがそのよい例で，機体が後向きに落下して水平安定板がおかしくなるのを目にするだろう。私はとてもスムーズに飛行制御を保つように心がけている。操縦桿をほとんど動かさないので，飛行制御は魔法のようだ。ロッキード・マーチンはすばらしい仕事をしてくれた」。

「この操縦性を自分の手柄にしたいところだが，実際は99.9％が飛行制御コンピュータによるものだ。スロットルを使って機体に機首の位置と出力を伝えている。コンピュータは，パイロットの望みどおりに実行する方法を常に計算している」。

「まとめると，F-22の制空能力を知り，その驚異的な性能を目の当たりにすることで，ラプターの展示は少し特別なものになる。これは，ぎっしり詰まった軍用機だ。私たちは何もしない。18,000ポンド（8,165kg）の燃料を満載し，全備状態の兵器とともに展示飛行できる。デモンストレーションでも同じものを見るだろう。航空ショーに行くため，航空機を戦列から外すこともできるし，実際そうしている。こうして完全な戦闘能力のある飛行機を見られるのだ」とディッキンソン少佐は締めくくった。♠

アメリカ空軍は第5世代戦闘機であるF-35Aを展示する際に，F-22を一緒に飛行させることがある。（©ジェイミー・ハンター）

2017年，アリゾナ州デイビス・モンタン空軍基地で開催された“2017伝統飛行訓練・認証コース”でラプター，F-35AライトニングⅡに加えて，F-86EとF-86Fセイバーが編隊飛行した。（©アメリカ空軍／ベティ・R・シュヴァリエ空兵長）

デイビス・モンサン空軍基地での展示に向けて，タキシングの準備をする。（©アメリカ空軍／キンバリー・ナグル空兵長）

ラプターの展示には，F-22パイロットに可能なすべての機動が含まれている。ただし，通常は高度300フィート（91m）の飛行はしない。（©リッチ・クーパー）

第７章
記章着用者
部隊レポート：ラプター兵器学校

世界最強の航空部隊の中核となる拠点は，アメリカ空軍兵器学校だ。第433兵器飛行隊は最高のラプター教官パイロットを育成する役割を担っている。

第433兵器飛行隊はF-22とF-15Cの両方を飛ばしている。ラプターはネリス在住の第422試験評価飛行隊と機体記号“OT”を共有している。(©アメリカ空軍／ダレン・マーフィー)

「私たちのコースは，パイロットを戦術レベルの専門家として育成するのが目的だ」と説明するのは，ネヴァダ州ネリス空軍基地にあるアメリカ空軍兵器学校に所属する第433兵器飛行隊（WPS，通称“Whips”）の指揮官ブラッド・ヒュービンガー中佐だ。彼の飛行隊はF-22兵器教官コース（WIC，通称“Wick”）を運営している。「それはラプターにかぎらず，統合部隊と協調することでもある」と彼はつけ加える。「リーダーシップのコースでもあるから，卒業時には飛行隊の戦術的専門家としてだけでなく，戦術的リーダーにもなる。兵器士官は飛行隊指揮官と作戦部長（DO）に属する戦術家である。彼らは，ひとたび飛行隊が戦争に出れば下級士官となり，部隊を率いて最初に任務を行う」。

兵器学校は小規模な空軍のようなもので，現在の司令官はスティーブン・ベーマー大佐だ。このミニ空軍は，アメリカ空軍の中でも上位1％の優秀なパイロットを擁し，最新鋭の航空機で構成されているという事実にもかかわらず，純粋な数だけでも世界のほとんどの空軍を凌駕している。この世界で最も先進的な空軍の中核的拠点には，いつも感銘させられる。

兵器学校では半年ごとに約100名の兵器士官と専門の下士官が卒業している。彼らは戦術システムの専門家，兵器教官，そして指揮官であることを示す憧れの肩章をつけていることから，俗に“記章着用者”と呼ばれている。

兵器学校は全米9ヵ所にある19の兵器飛行隊で構成されている。ネリスには第433兵器飛行隊を含む12の飛行隊が配備されており，F-22とF-15Cの両方を飛ばしている。

兵器学校の任務は，指揮官にとって信頼できるアドバイザーとなる指導教官を輩出し，飛行隊全員のレベルを向上させることだ。兵器士官になるには5カ月半の厳しい学業と，プラットフォーム別の指導に合格しなければならない。その最高潮に達するのが統合段階（WSINT，通称“Wizint”）だ。彼らはプラットフォームに関する知識を得て，それをさまざまな能力に応用することで，飛行隊に戻ったときにどうすれば各コミュニティのレベルを上げられるかがわかっているだけでなく，より広く空軍における特定のプラットフォームの重要性と役割，それに運用環境において，それらの能力を最大限に発揮する方法を理解するようになる。

候補者選定

ヒュービンガー中佐は第433兵器飛行隊で3年間，教官として過ごしたのち，ここに戻って作戦部長から司令官になった。

彼はこのコースのパイロットがど

第433兵器学校飛行隊には，ラプター・パイロットのなかで最も経験豊富な教官がいる。（©ジェイミー・ハンター）

のように選ばれるのか説明する。「若いラプター・パイロットは僚機から2機統率，4機統率，任務指揮官，そして教官パイロット（IP）へと昇格の順序を踏んでいく。飛行隊の兵器士官は主任教官であり，新人パイロットが昇格していくなかで，誰が目立つかを監視している。私たちはそれが誰なのか，口コミを得るために彼らと連絡をとっている。そして（年に2回），教官を飛行隊に派遣して一緒に飛行させる（飛びながらインタビューするようなものだ）。これを“WICルック”と呼んでおり，教官としてどのような人物であるかとともに，その行いを把握する。そして，そのデータを持ち帰り，公式の選考委員会では私たちの意見を聞きながら，応募者のなかから正式なプロセスで選考を行う。私たちは戦闘航空部隊（CAF）の真新しい鼓動を感じられるので，さまざまな基地に出かけるのが好きだ」。

ヒュービンガー中佐は続ける。「各飛行隊が常に新しい兵器担当者でリフレッシュするようにしている。各講習後にそれぞれの飛行隊へ誰かを送り込むことはないが，代表的な飛行隊には数回の講習を受けた新しい兵器担当者が入る。一般的に

コースの初期任務では F-22が基本的な戦闘機動で対決する。（©ジェイミー・ハンター）

「F-22は最高の空対空プラットフォームだから，私たちには消費者として大量の敵機が必要だ。現状では，思うように敵対機の数の予定を組むのは難しい。」ブラッド・ヒュービンガー中佐

は，毎年6名のラプター兵器担当者を卒業させる傾向にある」。

コース

F-22の兵器教官コースは年2回，約23週間にわたって行われる。まず1週目は一般教養“コア1”で，学内の全飛行隊が一堂に会してあらゆる分野の授業を受ける。2週目からはプラットフォーム別の専門課程が始まり，学生が飛行を始める。「コースの後半，20週目頃には“コア2”の科目がある。その週は兵器学校全体で大規模な統合学習を行う。その間に，F-22のエキスパートになるのが目標だ」とヒュービンガー中佐は説明する。

このコースの飛行パートでは基本的な戦闘機の操縦法，1対1のラプター，学生の空中戦指導から始まる伝統的なビルディング・ブロック・アプローチ*を採用している。

「基本的な戦闘機の操縦法段階を踏むのには時間がかかる。私たちは戦闘航空部隊の兵器士官を目視戦闘で確実に世界最高のものにしている。接近戦の状況に陥ったとして，彼らの能力で勝てる自信がなければならない。一日の終わりに，彼らがミサイルを使い果たして使えるのが機銃だけだとしたら，私たちは彼らが自信をもって任務を完遂でき

*部分ごとに解析した学生の特性を組み合わせて資質を把握する方法。

兵器学校の卒業生に贈られる記章。

ラスベガスの山並みを遠くに見ながら，兵器学校のF-22ペアが滑走路03Lに帰還する。(©ジェイミー・ハンター)

サンライズマウンテンを背景にタキシングするF-22。(©ジェイミー・ハンター)

朝の任務を終え，ネリスに向けて帰還する兵器学校のF-22。(©ジェイミー・ハンター)

兵器学校の戦闘機の印象的な混成編隊。上から第16兵器学校飛行隊のF-35Aと第433兵器飛行隊のF-15Cが2機，それにF-22Aの2機。（©アメリカ空軍/ダリン・マーフィー2等軍曹）

るようにしなければならない。」とヒュービンガー中佐は説明する。ラプターの圧倒的な機動性は接近戦で威力を発揮する。「基本的な戦闘機の操縦法段階では疑問の余地もない限界に挑戦する」とヒュービンガー中佐は言う。

基本的な戦闘機の操縦法段階について，ヒュービンガー中佐はさらに詳しく説明する。「また，指導技術を教えるには最も効率的な方法でもある。基本的な戦闘機の操縦法の出撃に必要なのは2機のラプターだけで，ほかに敵は必要ないし，空域も限られている。それで支援が少なくても教官がどのように指導しているか注目できる。これがコースの初めに1対1の目視任務を多く実施する大きな理由であり，教官の仕事に専念できる」。

基本的な戦闘機の操縦法が終わると空戦演習（ACM）に移り，より複雑なシナリオで，通常は2機のラプターがより大規模な敵軍と戦うことになる。その後，戦術的な迎撃に移るが，ここでもF-22のペアがより優勢な“レッド・エア”軍に対抗する。

ヒュービンガー中佐は言う。「基本的な戦闘機の操縦法ではラプター同士で戦うが，空戦演習やそれ以上になると，違った敵と戦うことになる。それはネリスの敵対部隊のすべ

第433兵器飛行隊“サタンズ・エンジェルス（悪魔の天使）”の記章。

兵器学校飛行隊は第422試験評価飛行隊と航空機を共有しており，その機体はネリス空軍基地の日除け場に置くのが義務だ。（©ジェイミー・ハンター）

ネリス基地から任務に参加する。初期コースの任務では学生と教官が対決する場合が多い。（©ジェイミー・ハンター）

てが出てくる可能性がある。しばしば第64アグレッサー飛行隊の戦闘機部隊がやって来るが，今では敵を請け負ってくれる部隊も同じように組み込まれ始めている。

「F-22は最高の空対空プラットフォームだから，私たちには消費者として大量の敵機が必要だ。現状では，思うように敵対機の数の予定を組むのは難しいときもあるから，空軍は受注者を含めたさまざまな敵対機の供給元に働きかけ続けている」。

ネリスの各部隊も，予算の制約による影響を受けていることを知らぬ者はない。2014年には第65アグレッサー飛行隊が非活性化し，兵器学校の全コースが中止されたこともあり，ネリスにとって学校とその基盤に資金調達が重要なのは，いくら強調しても足りない。兵器士官は空軍の態勢を促進する役割があり，ほぼ同等の敵対者と激戦環境を整えている。

“レッド・フラッグ”演習のように兵器学校のシナリオは限界を超えたもので，とても挑戦的だ。つまり，空軍でトップのパイロットや任務の専門家が，将来において脅威に直面し，それがどのようなものであっても準備は万端だ。

敵が進化すればするほど，ラプターも必要に応じて戦い方を示すことになる。パイロットがそうした脅威に対して効果的に訓練できるよう，より高いレベルで敵を再現するのが兵器学校にとって常に課題となっている。

シミュレーターと統合

このコースで，実際の飛行で空中戦を完遂するのは大仕事なので，学生は週1回，ロッキード・マーチンのF-22シミュレーターがあるジョージア州のマリエッタに向かう。「シミュレーターには長所と短所がある。実際にミサイルが飛び交ったりネヴァダ州以外の環境を再現したりするなど，訓練で現実に飛行してもできないことが可能だ。もう一つの利点として，同じ任務を繰り返し練習して経験を積める。シミュレーターのコックピットには一日中，誰かしら学生がいる。現実世界で目視の合図に頼る必要もあるが，シミュレーターでそういうものは意味がない。シミュレーターでは

ネリス空軍基地はネヴァダ州ラスベガスの北に位置し，アメリカ空軍で最も重要な基地と言っても過言ではない。（©ジェイミー・ハンター）

統合段階の期間中にKC-135Rから燃料を受けとるために移動する兵器学校のF-22。F-22は夜間に本領を発揮し，レーダーにも視覚にも映らない。（©アメリカ空軍）

通常，有視界外（BVR）のシナリオで飛行する場合が多く，空域は無限であり，4機で複数の敵を相手にした大規模な任務も行える」とヒュービンガー中佐は説明する。

コースが進むと“統合”の要素が増えてくる。自分の得意な阻止や組打ちから，ほかのプラットフォームや機能との連携が増える。

“コア2”と呼ばれる一般教養週間のあとは，より広いコミュニティに溶け込むためのプロセスが本格化する。コースの最後となる4週間は兵器学校全体が総出で作業を行う。第433兵器飛行隊は，一つの部隊でF-22とF-15Cイーグルの両方を飛ばせるユニークな利点があり，飛行隊の“ボス”の下にいる作戦部長がそれぞれの航空機についている。「そのおかげで，戦闘機の統合戦術を開発するために，特別な訓練の機会を得られた」とヒュービンガー中佐は言い，続けてその意味を説明する。「これは，複数の戦闘機がよりなめらかに空対空戦術を行うためのものにすぎない。さまざまな戦闘機の利点を生かしながら，潜在的な限界を軽減する。このアプローチは第433兵器飛行隊で始まり，その後，戦闘機の統合（一般的な専門用語となった）として国防総省に導入されて広まった。ヒュービンガー中佐は，「戦闘機統合の戦術は多くの場合，必要な数のラプターが存在しないことを前提としている。そのため，第4世代のプラットフォームで訓練を行い，より多くの軍用機やミサイルが利用できる」。

飛行隊が統合段階になると，それまでとはまったく違う規模で“レッド・フラッグ”のようになる。搭乗員たちが直面する問題の複雑さと脅威レベルの高さには驚かされる。アメリカ空軍が全体的に規模を縮小するにつれ，汎用任務および既存機と統合して有効化することがますます重要になっている。人と各プラットフォームを最大限に活用し，望ましい効果を達成するため途切れなく連携する能力だ。ここではアメリカ空軍が活動的な標的設定，高度な地対空ミサイル，ネットワーク，“レッド・エア”環境など，複雑な問題を持ち込んで，それらの能力をすべて統合し，うまく舵とりをするだけだ。

統合段階は進化し続けている。このコースは学生が直面しうるあらゆるシナリオに対応できるよう設計されている。その最終段階では海軍と

第422試験評価飛行隊と同じ場所にあるので，第433兵器飛行隊も最新型のラプターを飛ばせる。（©アメリカ空軍／ケビン・タネンバウム上等空兵）

グランドキャニオン上空で一緒に飛行する第433兵器飛行隊の F-22AとF-15C。(©アメリカ空軍/ケビン・J・ギュルンバルド曹長)

第5世代のF-22とF-35が統合すれば，兵器学校の最高級な戦術に大きな影響を与えることができる。(©アメリカ空軍/ダリン・マーフィー 2等軍曹)

F-22の側面兵器ベイから繰り出したAIM-9Mを飛行前にチェックするクルー・チーフ。(©ジェイミー・ハンター)

第433兵器飛行隊の最終コースとなる4週間は，アメリカ空軍の軍用機すべての統合を目的としている。（©ジェイミー・ハンター）

海兵隊が参加して全体像が完成する。

「これらの任務は，実際の戦争と同レベルに再現を近づけている。敵側はあらゆる領域（空軍と地上部隊，宇宙とサイバー空間からの同時攻撃）を用いる。統合航空作戦センター（CAOC）の一員なら地上でも空でもすべての出来事を見られる」とヒュービンガー中佐は言う。

F-22の学生は恐怖を覚えるシナリオに立ち向かい，最終段階でエースになることを熱望して憧れの記章を手に入れようとする。「任務は通常8機のラプターで行う。編成は学生と教官が半分ずつで，学生が編隊のリーダーを務める。それが私たちの目指す訓練のレベルだ。兵器学校全体が，多くの任務とさまざまなものがすべて連動している。統合段階にはいくつか焦点になるものがある。それらは敵の防空能力の抑制（SEAD）であり，防御的な対空，近接航空支援，戦略的な攻撃である。古典的な敵の防空能力の抑制を行うのは攻撃ヘリ“バイパー”だけではなく，すべてのプラットフォームが総力を挙げるのだ」とヒュービンガー中佐は言う。

もちろん，ネリスの北側に広がるネヴァダ試験訓練場（NTTR）は，兵器学校の訓練にとって重要な鍵だ。「コースを実行するためにはネヴァダ試験訓練場が不可欠だ。ネリスにいるだけで空軍のすべての能力が発揮される。ネヴァダ試験訓練場は地上からだけでなく，ネリス特有の空からも敵対者の脅威を兼ね備えた世界でも数少ない場所である。最小限として超音速で飛行し，チャフやフレアーを使用し，それらのすべてを相手にする。重視するのは，その区域に現実として脅威になる放射体の配置だ。学生にとってネリスは実戦でのリアルな脅威に対して代理環境で戦える稀な機会である」とヒュービンガー中佐は言う。

新たな能力と役割

ネリスの環境で本当に価値があるのは，ここで行われる運用試験と開発作業だ。兵器学校の飛行隊は実戦能力に専念しがちだが，たとえば第433兵器飛行隊は，常駐する第422試験評価飛行隊（TES）と航空機を共有している。それは，第433兵器飛行隊のパイロットが運用試験中の最新型標準機を操縦できるということだ。ヒュービンガー中佐は，「フォー・ツー・ツー（第422試験評価飛行隊）と協力している。彼らが最初に戦術を立てるが，私たちは彼らと協力してそれを改良していく。最高の兵器士官を卒業させることに注力しており，近いうち新たな戦闘能力が注目できる。今後1，2年でものになるだろう。つまり，学生たちは彼らが飛行隊に加わったときに引き出せる能力で訓練を受ける」と言う。

現在，第433兵器学校飛行隊はインクリメント3.2標準のF-22を使用している。つまりAIM-9XやGBU-

兵器学校を支援する任務のためにネリスを出発する第422試験評価飛行隊“OT”のF-22A。（©ジェイミー・ハンター）

ネヴァダ試験訓練場の任務で高度をとりながら大きく旋回するピッチアウトに入ったF-22A。(©ジェイミー・ハンター)

39小径爆弾，合成開口レーダー・マップの作成や標的座標の生成など,最新の能力を備えているわけだ。

「兵器教官コースでは常に空対地の段階がある。動態照準段階があり，射程内においてあらゆる知識や技能で訓練を受けるが，それは私たちにとって重点ではなく，インクリメント3の能力をすべて行使する」とヒュービンガーは言う。

「授業には28の任務があり，そのうち動く目標を標的にするのは三つなので，それに焦点を絞っている。任務のうち四つは統合に特化しており，あらゆる知識や技能を必要とする。たとえば，ほかの誰かが任務を完了できるようにするため，空対地の役割のうち一つを含めるのは意味があるかもしれない」。

現在，2018年に始まるF-35AライトニングⅡの兵器教官コースに注目が集まっている。クラス18AはF-35の第一期生が通るコースだ。この学校はF-22兵器教官コースの立ち上げから学んだ多くの教訓をF-35に応用していく。

「私たちはF-35を使ってどのような訓練を行うか明確にするため，授業内容を書き直している。それにはF-22とF-35が協力する簡単な攻撃から，すべての第5世代が大規模な戦略目標を急襲するものまである」とヒュービンガー中佐は述べる。

軍事資産が不足しており，アメリカ空軍の高性能プラットフォームが問題に直面しているのは明らかだ。それらの課題をクリアして問題を解決し，アメリカ空軍の航空優勢を最先端に保つのがラプター・コミュニティにおける記章着用者の役割だ。▲

兵器学校の歴史

兵器学校は，1949年に当時のラスベガス空軍基地に設立された航空砲術学校をルーツとしており，同基地は翌1950年にネリス空軍基地と改称された。1954年1月，戦闘機兵器学校となり，1960年までにF-100とF-105が同校で使用する二つの主要な航空機となった。1965年にはF-4が加わり，F-100とF-105のコースはF-111とA-7Dへと進化していった。1970年代初頭に学校の一部として設立されたアメリカ空軍最初のアグレッサー部隊はT-38とF-5に乗り，脅威を正確に再現して空対空の能力を向上させた。1992年に航空戦闘軍団が設立されたのを契機に，それまで43年間は戦闘機のみを対象としていたが，前線で活躍するさまざまなタイプの戦闘機を受け入れるようになった。また，2012年には統合末端攻撃統制官(JTAC)の上級教官コースが始まり，2015年には正式に兵器教官コースとなった。

第433兵器学校飛行隊のF-15兵器教官コース(WIC)は兵器学校で最も古く，同飛行隊は2008年にF-22兵器教官コースを立ち上げた。

第8章

最前線のラプター

戦闘レポート：作戦配備

2014年9月，F-22ラプターがシリア上空で戦闘デビューを果たした。これは画期的な出来事だったが，実際はこの地域における活動に対して，F-22が貢献した一例にすぎない。

2007年にアメリカ空軍がラプターの完全運用能力（FOC）を宣言する準備をしていたとき，その年の2月に最初の海外配備が行われた。ラングレー・ユースティス統合基地の第27戦闘飛行隊から6機のF-22が日本の嘉手納に向かった。ハワイのヒッカム基地を出発後，日付変更線を通過する際にソフトウェア関連のシステム障害が複数報告され，国際的な話題となった。ヒッカムに戻されたラプターは，ソフトウェアのパッチで不具合を修正し，二日後に日本に向けて出発した。

また，2007年11月22日には，アラスカのエルメンドルフにいる第90戦闘飛行隊のF-22が，ロシアのツポレフTu-95MS“ベアーズ-H”2機に対して，北アメリカ航空宇宙防空司令部初の迎撃に成功したことも記憶に新しい。ラプターは2009年から第380遠征航空団の下で中東に配備されている。アラブ首長国連邦のアル・ダフラに交代で出入りし，この地域，特にイランに対して力を誇示した。2013年3月12日には，この地域に3回目のラプター配備が行われ，その際に2機のF-22がペルシャ湾の国際水域上空でイランのF-4ファントムⅡ2機を迎撃した。ファントムの乗員はアメリカ空軍のMQ-1Bプレデターと交戦するために，地上要撃管制（GCI）で誘導されたと伝えられている。

2017年8月22日，“生来の決意”作戦の支援任務で，第340遠征航空給油飛行隊所属のKC-135Rストラトタンカーから燃料を受けとり，出発する第27戦闘飛行隊のF-22A。
（©アメリカ空軍／マイケル・バトルズ2等軍曹）

F-22が初めて北アメリカ航空宇宙防衛司令部の迎撃を行ったのは，2007年11月22日，アラスカ沖でロシアのTu-95MS“ベアーズ”2機の追尾だった。（©アメリカ空軍）

ラプターのペアを率いたのは，空軍予備軍団の第302戦闘飛行隊パイロット，ケビン・“ショータイム”・サターフィールド中佐だった。当時の空軍参謀長マーク・ウェルシュ大将が，その年の後半について全貌を明らかにする。サターフィールド中佐を紹介しながら，ウェルシュ大将は「彼は敵機の下を飛んで，気づかれないうちに兵器の搭載量をチェックし，彼らの左翼に上昇してから，無線で『君たち，本当に家に帰ったほうがいいぞ』と呼びかけた」と語った。F-4の出来事とともに，このF-22の配備もまた，いわゆる最初の“ラピッド（すばやい）・ラプター”として注目された。

サターフィールド中佐は，大規模な部隊一括輸送の必要性を訴える急先鋒で，彼が言うところの“膨大な数の空中給油機や輸送機に妨げられずに，第5世代の航空機だけで迅速に動く方法”を強調した。それは，現実の短期的な危機に最適化し，軽快で迅速な対応のための設計図だった。ラプターを海外に配備するというサターフィールドの構想は，2013年8月にアラスカのエルメンドルフ・リチャードソン統合基地で行われた合同演習で試され，その後，ヨーロッパでも演習されている。

戦闘デビュー

2014年8月8日，アメリカ軍が“生来の決意”作戦の下，イラクでいわゆる“イスラム国（IS）”の標的に空爆を開始したとき，アメリカ空軍は当初，あまり深くかかわらなかった。ほとんどのメディアはペルシャ湾で作戦を行っていた空母「ジョージ・H・W・ブッシュ」（CVN-77）の海軍機F/A-18を中心に報道した。し

2009年12月9日，訓練任務で編隊飛行する第27戦闘飛行隊のラプター。この訓練はアメリカ中央軍の担当区域で行われた初の大規模演習で，フランス，ヨルダン，パキスタン，アラブ首長国連邦，イギリスが参加した。（©アメリカ空軍／マイケル・B・K 2等軍曹）

9月26日，テロ組織ISの標的に対する攻撃の一環として，シリアに向かう途中，KC-10から上部のタンクに給油を受けるF-22ラプター。（©アメリカ空軍／ラス・スカルフ1等軍曹）

かし，アメリカ空軍がこの地域で大きな役割を果たしているのは明らかだった。

9月22日夜，アメリカとアラブ諸国の主要な同盟国は，シリアのラッカ県を拠点とするISを攻撃目標に，その核心部分を攻撃した。翌日，国防総省の報道官ジョン・カービー少将が，「アメリカ軍と同盟国の軍隊が戦闘機，爆撃機，トマホーク対地ミサイルを組み合わせて，シリアのISILテロリストに対する軍事行動が進行中と確認した」と発表した。また9月23日未明には，初日の夜の標的に対する第二次攻撃にF-22ラプターが参加したことが確認された。

それは，アメリカ空軍のスーパーファイターが初めて戦闘行動で兵器の使用を記録した，重要な発表だった。詳細がわかるにつれ，ペルシャ湾岸地域に配備されたラングレー・ユースティス統合基地の第1戦闘航空団に所属するラプターが，ラッカにあるISの指揮管制センターを攻撃するために使用されたことが明らかになった。

統合参謀本部の作戦部長ウィリアム・メイビル陸軍中将によると，F-22はGPS誘導弾を使用して，トルコ国境から約75マイル（121km）のシリア北部にある施設を狙った。また，攻撃前後の画像が表示され，ラプターが建物の片側だけを極めて正確に狙っているのがわかる。興味深いことに，メイビル中将はアメリカ中央軍の航空宇宙統合運用センター（CAOC）が，“この地域で利用可能なもの”に基づいて攻撃に使用

空軍予備役軍団第302戦闘飛行隊のケビン・サターフィールド中佐は，2013年3月にイランのF-4EファントムⅡを追尾したことで有名だ。（©アメリカ空軍）

2014年9月23日にシリアで行われた初の空爆で，ラプターの標的を撮影した攻撃前後の画像。（©アメリカ国防総省）

するプラットフォームを選んだと述べている。

“生来の決意”作戦におけるラプターの使用に関する詳細については，不明な部分がある。F-22はアル・ダフラに常時配備され，進行中の航空作戦でも活躍しているのはわかっているが，標的を攻撃したという具体的な報告はない。しかし，アメリカ空軍はF-22が現在もシリア上空を飛行しており，事前に計画された近距離航空支援任務を遂行して兵器も使用し続けているとしている。実際，シリアの特定地域では，明確に価値が高いとされた標的に対して，F-22の使用が必要だと理解されている。さらに，彼らの役割の一部は戦場全体を監視し，シリア軍機への対処を確実に行っているのは間違いない。元ラプター・パイロットのジェフリー・ハリジアン少将（作戦・計画・軍需担当の副参謀長）は，2014年当時，記者団に語っている。「計画立案者たちは各任務を詳細に見て，彼ら（ラプターズ）が必要かどうか判断している。だからF-22を部隊一括輸送に注ぎ込む必要があるかどうかは，標的が何か，どこにいるか，環境（昼間なのか夜なのか，そういったこと）によって決まる」。

この航空機に搭載された高度な電子機器は，現在行われている諜報・監視・偵察（ISR）活動において，重要な手段として役立っているのは確かだ。

「F-22がもたらす最大の能力は，統合された電子機器である。それは航空機のパイロットだけでなく，任務を遂行する戦力全体の状況認識を容易にする」とハリジアン少将は述べている。また，戦闘識別技術をはじめとして，攻撃部隊全体にとっ

2014年9月，シリアで最初の任務から帰還した第27遠征戦闘飛行隊のF-22。（©アメリカ空軍/ラス・スカルフ1等軍曹）

て電子戦能力も重要であると考えられる。「これまでの戦力全体をまとめて見ると，電子戦の利点は戦力全体の一部にしかなかった。どちらかといえば，どんな標的を追っているのか，それがどこにいるのかという点を拠り所にしていた」と彼は言う。

シリアの防空は依然として“受動的”だが，アメリカ軍は空軍のF-15Eや海軍のF/A-18Eが空中戦で撃墜を記録している。これまでのところ，ラプターは二次的な地上攻撃の役割に限定しており，空中戦で勝利をともにしていない。

初日の夜は，ラプターがさまざまな事情で使われたというのが本当らしい。第一に，ラプターは戦場にあって利用可能な軍用機だった。第二に，シリアの戦闘機が飛行していれば，ラプターは間違いなく航空優勢を活かし，ただちに致命的な一撃を与え

2014年9月23日，攻撃前に空中給油を受けるF-22の夜間ショットと，第27戦闘飛行隊の記章。（©アメリカ空軍/ラス・スカルフ1等軍曹）

アル・ダフラで飛行前のチェックを受ける第1戦闘航空団のF-22パイロット。（©アメリカ空軍/アントイネット・ギブソン2等軍曹）

2017年6月，シリアの上空をパトロール中のF-22。ラプターにはレーザーで目標を指定する機能がなく，GPSによる誘導兵器に頼っている。（©アメリカ空軍/マイケル・バトルズ2等軍曹）

て簡単に破壊できただろう。第三に，F-22の優れたステルス性によって，当初は地対空ミサイルの脅威が懸念されていた地域にも侵入できた。そして何よりも重要なのは，そろそろラプターが作戦行動を開始する時期に来ているということだ。

最初の任務

メイビル陸軍中将の最初の声明により，シリア上空でラプターの任務の実態が少し明らかになった。F-22はF-15E，F-16，F/A-18，そしてB-1B爆撃機と一緒に飛んでいた。また，正体不明の“ドローン”や“トマホーク対地ミサイル”が使用されたという。攻撃の第一波ではトマホークが使用され，シリアのアレッポ近辺にあるISの標的を攻撃した。第二波はF-22を含んで，ISの本部，訓練キャンプ，兵舎，戦闘車両などを一括して攻撃した。メイビル中将は，空爆に参加したF-22の正確な数を公表しなかった。

アメリカ中央軍の報道官エドワード・ショルティス中佐によると，3回の攻撃でアメリカ軍と連合軍は22の標的に対して約200発の弾薬で攻撃したという。ショルティス中佐はF-22が実際に使用した兵器についてはコメントを避けたが，F-22は1,000ポンド（454kg）のGBU-32統合直接攻撃弾または250ポンド（113kg）のGBU-39小径爆弾を使用できる。

その後の配備で，F-22が初めて小径爆弾を採用したことを，本書がラングレー基地の第1戦闘航空団司令官ピート・フェスラー大佐に確認した。

皮肉なことに，最も過酷な戦いのために開発されたラプターは，最も安全な環境で戦闘経験を積んだらしい。競争相手の多い環境で夜間に低観測性攻撃でドアを蹴破ったわけでもなく，Su-27“フランカー”を無言で殺傷したわけでもない。おそらく，地対空ミサイルの脅威に備えた保険として，あるいはシリアの戦闘機を叩くための準備として，攻撃部隊の仲間入りをしたのだろう。F-22などを取材してわかったのは，能力のすべてを完全には理解できないということだ。なぜなら，それは機密事項だからだ。わかっているのは今回，地対空ミサイルも戦闘機も来なかった。それで，ラプターはピンポイントで戦闘デビューを果たしたわけだ。

ヨーロッパへ

アメリカ空軍はシリアでのデビューから約1年後の2015年に，ラプターをヨーロッパに初めて飛行訓練配備（FTD）をした。

8月28日，第95戦闘飛行隊“ボーンヘッズ”のF-22が4機，フロリダ州ティンダル空軍基地からドイツのシュパングダーレム空軍基地に到着した。

第95戦闘飛行隊の司令官ダニエル・レホスキ中佐が率いる今回の配備は，ロシアの軍事活動が活発化するなか，戦域安全保障パッケージ（TSP）の一部である周期的な分遣としてラプターがヨーロッパに派遣される可能性が示唆されており，それに従ったものだ。

このラプターはC-17AグローブマスターⅢ大型長距離輸送機と，約60名のパイロットに支援され，24時間以内に世界のあらゆる地域にF-22を配備できるよう設計された，標準的チームによる迅速ラプター・パッケージとして配備された。ラプターがシュパングダーレムに到着した際，当時のアメリカ空軍ヨーロッパ・アフリカ空軍司令官フランク・ゴレンク大将は次のように述べている。「ラプターにとって今回が初めてとなる訓練配備は，この先進的な航空機がほかのアメリカ空軍機や共同パートナー，NATO同盟国と一緒に訓練を行う絶好の機会だ」。

第3空軍のティモシー・レイ中将は，「今日，私たちはヨーロッパにおける航空戦力の新たな第1章を開いた。今回，F-22をシュパングダーレムに配備し，非常に重要な三つのことを行う。第一に，ヨーロッパの同盟国に送る明確なメッセージだ。私たちはここで平和と安全を約束し，F-22という最も有能な軍事資産を持ち込む。第二に，アメリカ空軍部隊に所属するパイロットや共同パートナー，NATOの同盟国と一緒に訓練を行う。最後に，この航空機をどのように運用するか，私たちの考えを検証する」と述べた。

9月3日の記者会見で，レイ中将は配備の理由やウクライナに対するロシアの関与，バルト海地域におけるロシア空軍の活発化との関連性が明白という記者の疑問に対して回答を避けた。今回の派遣では，訓練と相互運用が強調された。「私たちが反応を示す能力，NATOの同盟国を支援する不屈の精神，そして私たちが望む時期と場所で戦闘航空戦力を提供する能力が明確に理解されなければならない」と述べている。

ラプターがヨーロッパの空域で訓練を行うのは今回が初めてではない。2010年にアラスカのエルメンドルフ空軍基地にある第3航空団のF-22が，イギリスのラーケンヒース基地に短期間滞在し，“ロイヤル・インターナショナル・エア・タトゥー[*1]”に参加後，常駐する第493戦闘飛行隊と

尾翼に1OG（1st Operation Group）がマークキングされたこのF-22からもわかるが，2017年半ばに第27遠征戦闘飛行隊は，第1作戦群の分遣隊を担当していた。（©アメリカ空軍／トレバー・T・マクブライド2等軍曹）

イラク上空の空中給油路で，KC-135Rの操作員の窓に映るラプター。（©アメリカ空軍/マイケル・バトルズ2等軍曹）

ともに任務を遂行した。今回はより広い範囲をカバーするため，ヨーロッパ安心供与イニシアティブ*2が資金を提供した。

8月28日金曜日，シュパングダーレムに到着した2機のF-22は，週末を挟んで8月31日にポーランドのタスク空軍基地へ移動し，シュパングダーレムの4機のF-16CMとともに飛行した。そこでは，第3空軍・第17遠征空軍副司令官クリストファー・ベンス少将と，ポーランド国防副大臣ロバート・クピエツキ氏が記者会見を行った。「アメリカからヨーロッパへとアメリカ軍を継続的にローテーションさせているが，これは訓練の一環でもある。今後も第5世代の航空機がヨーロッパで運用できると証明するとともに，数年後にヨーロッパで導入されるF-35の将来に向けた基盤を構築していきたいと考えている」とベンスは述べた。2週間のヨーロッパ滞在を成功裏に終えたラプター部隊は，9月11日に帰国の途についた。

“ボーンヘッズ”が帰ってくる！

続いて2016年には，F-22のヨーロッパの展開がより包括的になり，イギリス空軍のレーケンヒース基地の第48戦闘航空団と連携するために，第95戦闘飛行隊が大規模な配備をした。4月11日から一カ月間，常駐する第48戦闘航空団との共同作業のために，ほとんど予告なしに到着したのである。

今回も第95戦闘飛行隊の司令官ダニエル・レホスキ中佐が指揮を執り，ロシアの軍事活動が活発化するなか，“大西洋の決意”作戦の下で，一時的な任務として派遣された。ラプターは第48戦闘航空団のF-15CイーグルやF-15Eストライク・イーグルと広範囲に飛行を行った。レホスキ中佐は彼の飛行隊配備が，「ヨーロッパにおけるF-22の存在感を高めることにかかわっている」と語った。さらに，この分遣隊は「ヨーロッパで訓練の機会を提供し，NATO全域にF-22を迅速に導入するアメリカ空軍の能力を示した」と述べている。

今回の派遣は，いわゆる“グローバル・レスポンス・フォース（世界的応答部隊）”の訓練と連動している。当時の第48戦闘航空団司令官ロバート・ノボトニー大佐はこうつけ加えた。「レーケンヒース空軍基地へのF-22の配備は，とても理にかなっている。この基地はヨーロッパにおける戦闘機の本拠地であり，NATO同盟国と協力して戦術的な手腕を磨き，同盟への責任を再確認する場所なのだ」。

また，「今回の配備では，ヨーロッパで最大規模の戦闘機演習に抜け目

＊1 毎年7月の第3週末にグロスターシャー州のフェアフォード空軍基地（待機飛行場）で，イギリス空軍公益信託が支援して開催される航空ショー。

＊2「European Reassurance Initiative」。ロシアのクリミア併合を受けてオバマ政権が安全保障を目的とし，ヨーロッパにおけるアメリカの存在感を高めるため，2014年6月に開始したプログラム。

なく統合できた」と述べている。ノボトニー大佐が言及したのは，レーケンヒースを拠点とする三つの戦闘飛行隊とイギリス空軍のユーロファイター・タイフーンがF-22と協力した大規模な兵力投入演習（LFE）“アイアン・ハンド16-3”である。レホスキ中佐は，「今回の旅の主な目的は，レーケンヒースにいるアメリカの仲間やイギリスの同盟国と訓練を行い，NATOの同盟国を安心させ，第95，301戦闘飛行隊がヨーロッパのどこでも，いつでも空の支配を実現できる能力を示すことだった。幸い，8月に派遣された経験があったから継続性があり，多くの教訓を得て，今回に活かせた」と述べた。

また，ラプターはルーマニアとリトアニアにも配備され，4月20日には“ラ・ファイエット”戦隊の結成100周年記念式典に参加し，第94，95，301戦闘飛行隊のパイロットが参加してパリ上空で4機の儀礼飛行を行った。リトアニアとルーマニアへの前方配備は，“ラピッド・ラプター”の能力を実証するためといわれている。2機を輸送機に搭載して進出させ，わずかな調整と予告があれば，世界のどこにでもいける。

レホスキ中佐は，ラプター・コミュニティにおける作戦のテンポについて，次のように述べている。「ラプター・コミュニティにおける私たちの作戦は，テンポが常に速かった。私は2006年からコミュニティに参加しているが，運用中の飛行隊が六つしかないため，常に需要が高く，密度の低い軍事資産だった。この3年から5年の間に，海外での作戦のテンポは確実に上がっていると思う」。

最近，F-22の飛行隊では，戦闘機統合というキーワードがよく聞かれるようになった。第95戦闘飛行隊のラプター・パイロット，ジョリー・フォス中尉によると，イギリス空軍のタイフーンとの訓練は主な目的の一つで，「F-15の三個飛行隊とタイフーンを統合し，演習の目標が達成できた」と述べている。そし

F-22のパイロットは給油中も配置任務を確認したり，センサーを操作したりしている。（©アメリカ空軍/トレバー・T・マクブライド2等軍曹）

ラプターはシリアの一部地域で近接航空支援能力を提供しており，ときには地上の統合端末攻撃統制官と連携し，GPS兵器で事前に計画された標的を攻撃することもある。（©アメリカ空軍/マイケル・バトルズ2等軍曹）

F-22シリアルナンバー05-4086号機は，2015年にヨーロッパ分遣隊に向けてティンダル基地を出発した。（©アメリカ空軍/セルジオ・A・ガンボア上等空兵）

シュパングダーレムで運転停止する第95戦闘飛行隊のラプター・パイロット。（©アメリカ空軍/ルーク・キッターマン上等空兵）

て，フォス中尉はつけ加える。「“ブルー・エア”側に10機から12機を送り込み，“レッド・エア”側に10機を配置する長期出撃や，地上の目標を破壊する戦術出撃，そして，敵を特定のラインに近づけないようにする厳密な防勢対航空作戦（DCA）などがあった」。

レホスキ中佐は，「イギリスの空域は今回の展開にとって，ハイライトの一つだった。北海のほぼ全域が対象で，とても広い空域だった。アメリカでは，普通なら手に入らない大きさだ」とつけ加えた。イギリスがフロリダよりも広大な訓練空域を提供できるというこの発言の第一印象は，驚きだった。しかし，レホスキ中佐は，「本国では，通常はメキシコ湾上の空域“ウィスキー・レンジ”のすべてに立ち入りはできない。それでイギリスの空域を利用して，訓練の価値をおおいに高められた」と説明する。

演習は，第1週目が最新の長射程による地上からの脅威を想定したシナリオで，F-22は防空網破壊（DEAD）任務のシミュレーションを行った。2週目は戦闘機の統合と防勢対航空作戦，3週目はレホスキ中佐が言うところの次のような構成になっている。「より従来型の攻撃的対航空（OCA）で，F-15Eを護衛して標的エリアに入る」。

最も注目されて広く報道された任務の一つに，ウェールズ地方の軍事訓練地域（MTA）にある一連の渓谷“マハンスレス・ループ（マッハ・ループのほうがよく知られている）”で，2機のラプターがF-15C/Eとともに飛行するというものがある。その任務について，ノボトニー大佐は次のように述べている。「ラプターを低空飛行区域7に投入し，低空飛行の資格があるパイロットは，イギリスですばらしい訓練の好機を目の

フロリダ州ティンダル空軍基地の第95戦闘飛行隊が，2015年8月28日にドイツのシュパングダーレムに到着した。F-22にとって初めてとなるヨーロッパへの訓練配備は，ヨーロッパ安心供与イニシアティブの資金援助を受けている。（©アメリカ空軍／ルーク・キッターマン1等空兵）

2016年にヨーロッパに展開した第95遠征戦闘飛行隊のパイロットたち。ティンダルに戻ってきたときに，ポーズをとって撮影。左は同飛行隊の記章。（©アメリカ空軍）

当たりにした。ここの訓練場と低空飛行空域は世界有数だ。低空飛行は私たちがパイロットに求めている通常訓練の一部である。残念ながらラプターの基地であるティンダルとラングレーは海沿いに位置しているため，低高度の訓練環境が整っていない。実地で低空飛行をする機会があれば，それはとても貴重な訓練になる。カンブリア州のスペイダム射爆場も使用したが，そこでは地上の脅威に対してインクリメント3.2の能力を完璧に訓練できたので，1週目のハイライトとなった」と言う。レホスキ中佐によると，第95戦闘飛行隊はさまざまな規格のソフトウェアを航空機に搭載して展開したが，それらは主にインクリメント3.2であった。

インクリメント3.1では，F-22の空対地能力が強化された。これには

選択した電波の発信源の位置情報，電子攻撃，空対地合成開口レーダーによるマッピングと地上目標の指定，さらにGBU-39小径爆弾の統合など，防空網破壊任務が含まれる。インクリメント3.2Aは電子保護機能の向上，リンク16の受信専用統合，戦闘識別能力の向上を目的に修正したソフトウェアである。2015年7月から運用中の飛行隊に受け入れが始まった。インクリメント3.2Bは，まだ実戦配備されていないが，“電子保護機能の強化と発信源の位置情報機能の向上”が追加される。

“ボーンヘッズ”帰途につく

第95戦闘飛行隊のヨーロッパ派遣は，初めに出発した8機のフロリダ帰還が始まり，2016年5月8日に完了した。ノボトニー大佐によれば，「将来に向けて，より早く簡単に，必要に応じてより強力な展開を可能にするための教訓が多く得られた」と言う。

ラプターの世界的な知名度が，F-22の生産再開や，ヨーロッパで恒久的な基地建設の野望につながるのではないかと疑問視する声もある。いずれも決定権はアメリカ空軍や政府の上層部にあるが，レホスキ中佐は次のように述べている。「今回の旅の目的の一つは，ヨーロッパのさまざまな基地での作戦訓練だった。F-22を新しい場所に連れていくたびに，各飛行場の詳細について新たな知識が得られ，一時的な配備（TDY）や有事の際に，そこに戻る必要が生じたら，より簡単に対応できるようになる。また，F-35が第

第95戦闘飛行隊のF-22ラプターは，2015年と2016年の2回，ヨーロッパに配備された。（©アメリカ空軍/ジェイソン・ロバートソン1等軍曹）

48戦闘航空団に加わった際の支援計画に役立つ整備チームにとって，第5世代の低観測性要件を特定できた」。

レホスキ中佐は，「今回の派遣では多くのすばらしい機会があった。何カ月も滞在して，パイロットや支援要員，整備員に良好な訓練が十分に受けられた」とまとめた。✦

戦友 ―― イギリス空軍レーケンヒース基地への配備は，地元のF-15C/E飛行隊との関係を築く絶好の機会となった。（©ジム・ヘーゼルタイン）

“マハンスレス・ループ”での低空飛行。2016年4月26日，ウェールズで低空飛行した第95戦闘飛行隊のラプター・ペアのうち1機。（©モーリー・レスター）

第9章

ラプターの鋭さを保つ

試験と更新

F-22は繰り返しプログラムを更新している。
それは後継機が登場するまでの間，
この戦闘機を存続させるためだ……。

カリフォルニア州エドワーズ空軍基地の第411試験飛行隊が管理するラプター試験部隊は，技術・製造開発機の一部を継続的に飛行させている。最古のF-22は，2013年4月19日にボーイングのテスト・パイロット，スティーブン・“スティーブ”・レイニーが操縦して1,000回の出撃を果たしたラプター07（シリアルナンバー91-4007）だ。この日は，機体のソフトウェアを大幅に更新したインクリメント3.2Aの最初の戦闘試験が行われた。ところで，アメリカ空軍は2017年末までにF-22Aを1機，試験飛行隊に追加している。また，技術・製造開発機のラプター91-4006が飛行可能な状態に戻された。この機体は搭載する電子機器を

カリフォルニアの高地砂漠上空を飛行する第411試験飛行隊のF-22ラプター2機。2017年4月18日，インクリメント3.2Bを試験する一環として，ユタ州試験・訓練場で航空標的に対する空対空ミサイルの開発試験が行われた。（©ロッキード・マーチン/チャド・ベレー）

2,500万ドルかけてブロック20規格に更新された。また，第411試験飛行隊に戻して運用する前に，ラプターの油圧，電気，飛行制御システムも更新された。

　エドワーズの試験部隊は，F-22の新しい継続的な更新を実現するのに大きく貢献している。空軍運用試験評価センター（AFOTEC）は，2011年11月にF-22Aインクリメント3.1の最終運用試験評価（FOT&E）を完了した。この更新は選択した電波発生源の位置情報，電子攻撃，空対地合成開口レーダーによる地上目標のマッピングと指定，GBU-39小径爆弾など，空対地任務の能力を強化する。インクリメント3.2Aは，2014年に実戦投入を開始した修正ソフトウェアで，電子防御，リンク16，戦闘識別能力を向上させた。インクリメント3.2Bは，AIM-120DとAIM-9Xミサイルを完全に統合するためのハードウェアとソフトウェアの更新で，“電子的保護の強化と電波発生源の位置情報能力の向上”を実現している。インクリメント3.2Bには強化型備品管理システム（ESMS）と，インクリメント3.2Bの後継候補を実現するために必要なデータ・リンクの帯域幅を増やし，共同作業の機能を可能にするイントラフライト・データ・リンク（IFDL）の改良が含まれている。

　インクリメント3.2Bが長期化したことで，AIM-9Xサイドワインダーを2017年までに前線へ投入する計画が間に合わなくなり，アメリカ空軍はAIM-9XとAIM-120Dを搭載する基本的な機能を，このソフトウェアに追加した。AIM-120Dはアップデート4，AIM-9Xはアップデート5で追加され，2015年に飛行隊へ導入された。

実際は，運用試験評価部長による2016年の年次報告書によると，インクリメント3.2Bの開発試験は2016年度中も継続されたが，ソフトウェアの安定性と性能の不足により，遅延が発生した。その内容は次のようなものだった。機内のコックピット・ディスプレイのブランキング（映像信号のない状態）と，強化型備品管理システムの機能不全により，飛行安全上の操作制限が発生し，予期せぬ作戦飛行プログラム（OFP）・ソフトウェアの追加リリースと回帰テストが必要になった。その結果，予定していた空軍の里程標Cの決定が2016年3月から8月にずれ込んだ。里程標Cで，アメリカ空軍は予定されていた71個のハードウェア・キットのうち，35個を低率初期生産（LRIP）で調達することを承認した。アメリカ空軍は欠陥の解決に向けた進展が確認されるまで，それ以外に低率初期生産キットを調達する予定はないとしている。

2016年9月に行われた飛行試験では，コックピット・ディスプレイの安定性に改善が見られたと報告があったが，強化型備品管理システムの欠陥は依然として残った。報告書によると，2016年度末時点では，調査の結果，システムのハードウェアの設計変更を必要とする可能性が完全には排除されていなかった。また，「2016年度の開発進捗が限られていることから，予定通りインクリメント3.2Bの開発試験が2017年4月末に完了する可能性も，初期運用試験評価が2017年8月に開始される可能性も低い」としている。

航空戦闘軍団によると，不具合が解消されたら03-4045号機以降の即戦力化F-22はすべてこの更新を受けることになる。

ラプターにはヘルメット・マウント・ディスプレイ（HMD）が搭載されていないのも大きな課題だ。ロッキード・マーチンは，ヘルメット装着式統合目標指定システム（JHMCS）の追加を計画していたが，あいまいな理由で実現していない。2014年初頭，第422試験評価飛行隊はタレス・ビジオニクスのヘルメット・マウント・ディスプレイ“スコーピオン”を評価したことが知られているが，それ以上の詳細は公表されていない。

また，ロッキード・マーチンはF-22のステルス性を高める電波吸収材（RAM）コーティングの更新をアメリカ空軍と共同で行っている。すべての部隊には，オリジナルよりもはるかに長持ちするように設計された新しい低観測性素材が採用される。この新素材は，2014年から

ラプター集合

第411試験飛行隊は2016年8月，インクリメント3.2Bに連動すると思われる開発・運用試験を組み合わせた試験計画のために，ラプターを集めたのが印象に残る。F-22統合試験部隊（CTF）管理官で第411試験飛行隊の司令官ランデル・ゴードン中佐は，アメリカ空軍の運用型F-22が試験のために，エドワーズ空軍基地に来ることはたまにあるが，第411試験飛行隊の格納庫で整備されている1機を含めて，合計8機のラプターがエドワーズにいるのは“とても珍しい”と述べている。この写真はブロック30のF-22Aシリアルナンバー07-4132が，第411試験飛行隊司令官のため，特別に06-4132として塗装された点でも珍しい。この機体は，主翼に装備された連装発射架にAIM-120 先進中距離空対空ミサイルを搭載している点が特徴的だ。

2016年8月10日，第411試験飛行隊の外に置かれた7機のラプター。（©アメリカ空軍/クリスチャン・ターナー）

F-22Aに適応され始めていたものだ。ロッキード・マーチンは，エンジン吸気口のラム圧を変える作業をし，ユタ州ヒル空軍基地のオグデン航空兵站センターにある，新しい吸気口の塗装修復ラインでラム圧を減少した。

将来の展望

ラプターは初期段階から第一線の飛行隊に配備されるまでに，文字どおり何十年もの設計・開発作業が必要だった。継続的な更新があってこそ，このような戦闘機は時代に合ったものになる。コンピュータ技術の進歩の速さを考えると，プログラムの開発にこれほど長い時間をかけて信頼性を保つのは並大抵ではない。今日，この第5世代の主役は戦闘機の統合を通じて，旧式なF-15やF-16の部隊を最良のものへと引き出すのに役立っており，戦力増強に貢献している。これにより，はるかに優れた状況認識が可能になり，新しいデータ・リンクがこの関係を融合させるのに役立っている。

ラプターは全方位にわたる低観測性により，紛争地域で必要に応じて攻撃ができる。特に注目すべきは，俗に“二桁のSAM*”と呼ばれる，ロシアが開発した最新世代の地対空ミサイルに対応する能力だ。

F-35の登場にもかかわらず，アメリカ空軍はすでに未来に目を向けており，第6世代の侵入対空（PCA），つまり次世代戦闘機（NGAD）計画を進めている。航空戦闘軍団の司令官ジェームズ・ホームズ大将（2020年10月に引退）はこれまで，将来の戦闘機の要求を満たすためにF-22ラプターの生産を再開するという話を直接には否定してきた。しかし，F-35の電子機器を導入したラプターが，より費用対効果のよい適切な解決策になるとの意見もある。

ホームズ大将は，「私たちは早くしたいし，いろいろな理由で20年もの開発計画を立てたくないから，すでに高いレベルにある今の技術を使うようにしている」と語った。F-22はいくつかの妥協点はあるものの，戦闘機の設計としてはほぼ完成していると考える人は多い。議論の余地はあるが，推力偏向は重量のハンディキャップや技術的な課題，そしておそらくステルス性への妥協が必要となる。ラプターのパイロットには，まだヘルメットにとりつける照準器がなく，F-35と同様に後方視界に限界がある。

さらにホームズ大将は，「戦闘機はコストも時間もかかりすぎる。また，あまりにも遠い未来の技術を追うことになるので，実現するのはとても難しく，30年かけて実現した頃には，望んでいたものとは違っているかもしれない。私たちは，すぐに製造可能な技術を活用した新しい航空機の製造を進め，そのための技術を持ち，30年ではなく5年，10年で何をつくれるか，という世の中に移行しようとしている」と語った。

ボーイング，ノースロップ，ロッキード・マーチンの3社は，第6世代戦闘機のイメージ図を公開し始めたが，いずれも従来の航空機をベー

＊ロシアが1970年代後半に開発したSA-10から改良を重ねている同時多目的交戦能力をもつ地対空ミサイル・システムにつけられたNATOのコードネーム。

マリエッタにあるF-22の生産ライン。生産ツールが保持されているにもかかわらず，ラプターをさらに製造するという話は打ち消されている。（©ロッキード・マーチン/エリック・シュルツィンガー）

F119エンジンの信頼性の高さと頑丈さは誰もが認めるところだ。エンジン交換の準備をする整備士たち。（©アメリカ空軍／クリスタル・A・ジェンキンス上等空兵）

スにしたものではない。ロッキード・マーチンの先端プロジェクト部門“スカンク・ワークス”の責任者であるロブ・ワイスは，記者団に対し，同社が長年にわたり次世代戦闘機を検討してきた結果，第5世代戦闘機の数を増やすことが，現在のアメリカ軍にとって最良の解決策であるという予想どおりの結論に達したと語った。さらに，F-22とF-35の更新は，アメリカが世界的な制空権争いで優位に立つための最良の方法であり，第6世代戦闘機はおそらくもっと先になるだろうが，先進的な推進力とセンサーを利用した“まったく異なる”ものになる必要がある。おそらく，あと30年か40年は運用されないし，計画が開始されるのも10年ほど先になるだろうと述べている。クリス・ニエミ大佐は，求められる戦闘機に関して先見の明がある人物として，将来について意見を述べている。「アメリカ空軍は，戦闘機部隊の収容能力に関する問題に取り組む必要があると思う。戦闘機パイロットの平均年齢は30歳に近づいており，過去の基準からすると，かなり高くなっている。より効果的な資本増強の方法を見つける必要があり，飛行機をもっと購入する方法を見つけなければ，私たちが望もうと望むまいと，アメリカ空軍の戦闘機の数は減少していく。F-35はその問題を解決するうえで大きな役割を果たすだろうが，軽攻撃実験*のような，ほかのとり組みにも勇気づけられている」と語っている。

将来，ラプターの後継機の可能性を考えると，ニエミ大佐は，「重要なのは過度に楽観的な仮定をしたいという誘惑に負けないことだ。これまでの主要な兵器システム計画は，すべて能力，スケジュール，コストの面で過剰な期待をしており，それが今日，老朽化した戦闘機部隊の問題を引き起こす大きな要因となっている。私たちは新しい兵器システムの再構築と，配備に向けたとり組みをより現実的に計画することで，よりよい結果を出す必要がある」と締めくくった。♠

＊2009年9月からアメリカ空軍が開始した新たな計画で，軽戦闘機により反乱鎮圧，地上攻撃，偵察を目的とする。2020年2月に空軍はこの計画の中止を発表した。

ネリス基地で滑走路端の最終チェック区域に駐機する第1戦闘航空団のF-22A。（©ジェイミー・ハンター）

2008年7月11日，GBU-39小径爆弾を組み入れる試験の一環として飛行するエドワーズのF-22ラプター。同日，第411試験飛行隊が初めて超音速で小径爆弾を投下した。（©ロッキード・マーチン／ケビン・ロバートソン）

2010年，アレン・グロウラー少佐が操縦するラプター（91-4009）から，初めてGBU-39の波状投下（4発）が行われた。（©ロッキード・マーチン／デビッド・ヘンリー）

ラプター試験の節目

2008年7月11日

F-22から初めてGBU-39小径爆弾の投下と超音速投下。「これまで超音速機から小径爆弾が投下されたことはなかった。この分離試験により，F-22は超音速で小径爆弾を投下できるようになり，ラプターの空対空任務を相乗的に強化できる」と第411試験飛行隊のテスト・パイロット，マイケル・スター少佐は言う。

2015年5月6日

この日，第411試験飛行隊はインクリメント3.2B試験の一環として，2発の赤外線誘導AIM-9Xサイドワインダー・ミサイルを試射した。F-22ラプターから初めてAIM-9Xを誘導発射したのは2月26日，クリストファー・ガレンテ少佐が行い，高速無人標的機BQM-34ファイアービーを撃墜した。2回目の誘導発射は4月29日，パトリック・キリングワース少佐が行い，高速無人標的機BQM-74シャコを標的とした。いずれの試射もチャイナレイク試験場で行われた。

F-22兵器統合主任技師のジェレミー・クックソンは，「2発目はより精神的な重圧のかかる飛行態勢で，AIM-9Xを使ってラプターにしかできないことをした」と語る。

AIM-9Xは最新型のサイドワインダーで，デジタル誘導システムと赤外線信号処理により，捕捉距離の向上と赤外線対抗策の大幅な改良，それにオフボアサイト（機首から大きく逸れた敵機に対する照準）の極めて高い交戦範囲を実現している。「この航空機はAIM-9Xを大きな攻撃角度および目視角度でも使用できる。これにより，パイロットはミサイルの発射能力に制限されることなく自由に操縦でき，初弾と撃墜を達成できる。AIM-9Xはほかの航空機では実現できないような飛行条件でも発射できるので，F-22の操縦性能をフルに発揮できるようになると期待している」とガレンテ少佐は述べている。

F-22にとってAIM-9Xとの取り組みはずいぶん長い。F-22にAIM-9Xを搭載する試みは，2008年頃から始まったとクックソンは言う。「これまでに多くの発見や課題があったが，チーム全体が今日に至るまで驚異的な仕事をしてくれた。AIM-9XをF-22に搭載するのが大幅に遅れているが，とてつもない能力になるだろう」。

2015年2月26日，クリストファー・ガレンテ少佐がF-22ラプターから初めてAIM-9Xの誘導発射を行った。（©ロッキード・マーチン／デビッド・ヘンリー）

2017年4月18日

第411試験飛行隊のF-22ラプターはインクリメント3.2Bに更新する一環として，ユタ試験訓練場で複数の小型標的用ドローンBQM-167Aスキーターに対してAIM-9XおよびAIM-120Cミサイルの開発試験を完了した。ユタ試験訓練場での試射は2年にわたるインクリメント3.2Bの更新にともなう最後の実戦訓練だった」とランデル・ゴードン中佐は語る。

▍著者
ジェイミー・ハンター／Jamie Hunter
イギリスの航空ジャーナリスト，航空写真家。イギリスの航空雑誌『Aircraft Illustrated』をはじめ，航空機に関する数多くの雑誌に寄稿している。

▍監修者・訳者
時実雅信／ときざね・まさのぶ
編集者，雑誌ライター，戦史研究家。近代以降の戦史，特に日米海軍をテーマとして雑誌『丸』（潮書房光人新社）や『歴史群像』（ワンパブリッシング）などの雑誌を中心に記事執筆と編集（翻訳本の編集を含む）をしている。執筆に当たっては原文の翻訳を含む一次史料を元に分析をする。

F-22 RAPTOR
20 YEARS OF AIR DOMINANCE

2021年8月10日発行

著者　ジェイミー・ハンター
監修者・訳者　時実雅信
翻訳・編集協力　株式会社 ぷれす
編集　道地恵介
表紙デザイン　田久保純子
発行者　高森康雄
発行所　株式会社 ニュートンプレス
〒112-0012　東京都文京区大塚 3-11-6
https://www.newtonpress.co.jp

ISBN 978-4-315-52428-4

表紙画像：Mike Mareen - stock.adobe.com